建

Industry 4.0 第六次產業革命已然到來！
互聯網＋ Big data or Megadata，革命快速到來，
成為行業大腕絕非不可能！

你．還在等什麼呢？

我們只要學會商業、融投、管理三大模式，
就能從 ES 象限升級至 BI 象限，獲得財務自由！

你．還在等什麼呢？

王博士率王道弟子群成立全球華語講師聯盟，邀集各領域菁英專家及各界大咖，打造主題多元的優質課程，搭建舞台，傳承經驗，形成知識的流轉，學員彼此透過借力、運用跨界資源快速致富。

借勢轉型．借智升級．借力抱團！

亞洲八大名師——吳宥忠老師

趨勢大師托佛勒說：

「21世紀的文盲是停止學習的人。」

如果三、五年後你想過不一樣的生活，就要從現在學習改變。

宥忠老師為全球華語魔法講盟執行副總、王道培訓 CEO、X Power 零極限培訓創辦人、國際獅子會首席講師。他特愛學習，認為：**「如果你不思考未來，你便不會有未來。要想改變口袋，就要先要改變腦袋。」**跟成功者學習是他的態度；學習很貴，不學習更貴，是他的觀念；將最高 CP 值的課程帶給學員是他的理念。

現在就開始投資自己，掌握改變的力量！

全球華語講師聯盟

名師提點 百倍升級

《笑傲江湖》中的主角令狐沖聰明伶俐，生性放浪不羈、豪邁瀟灑，自小無父無母，由師父華山派掌門「君子劍」岳不群和其妻師母寧中則扶養，並授其武功，為華山派大弟子，卻因貪杯好酒、無故惹事生非，犯了華山派的戒律被師父罰到思過崖面壁一年，然因禍得福，偶然間發現一石洞中的石壁上，刻畫了五嶽劍派——華山派、衡山派、嵩山派、泰山派、恆山派，各派劍招的破解之法，令狐沖因此習得了各派劍法的精華。令狐沖雖然習得了石壁上的劍法招式並記熟，但使出來卻完全不是那一回事。後來他遇到了劍術高絕，隱居在華山思過崖的太師叔風清揚前輩，指點令狐沖如何將華山派的三十四招融會貫通，一氣呵成，活學活使做到出手無招，渾然天成，幫他將武功提升到一個前所未見、無招勝有招的新境界。風清揚看令狐沖頗具慧根，悟性奇高，恐「劍魔」獨孤求敗的絕學「獨孤九劍」沒有傳人，於是藉此機緣又傳授他學武之人夢寐以求的絕世妙技「獨孤九劍」，令狐沖的劍術超卓，大為精進，武藝進階達到最高境界。

讀破千經萬典，不如名師指點，進步神速。

高手提攜，勝過十年苦練。

成功最快的捷徑就是師從成功者。

華山論劍第一高手**王擎天**（現代風清揚）與**吳宥忠**（當代令狐沖），吸星全球八大頂級高手，將絕對有效的必然成交法傳授給您！

重在劍意，不在劍招！

只有12席！只要5天！
玉山絕頂，盍興乎來！

詳情請上 新·絲·路·網·路·書·店 silkbook o com
www.silkbook.com

絕對成功成交法，地表最強、史上最強的行銷培訓營

市場ing的秘密＋接建初追轉

上完課，你將成為世界上最強的銷售大師！

保證收入以十倍速提昇！

想接受魔法般的改變與升級嗎？

人信銷售

沒有信任，
沒有買賣！

王道培訓CEO 吳宥忠 著

Thanks

致謝

感謝我平凡偉大的媽媽。

成功是要靠別人的，有太多出現在我生命中需要感謝的人，因為有他們的出現，才能有我現在可以分享的一切。

首先要感謝我的師父王擎天董事長，願意栽培我，並將培訓的事業交棒給我。身為素人的我如果沒有貴人的提攜，不可能在競爭激烈的環境下脫穎而出，也要感謝采舍集團的歐總經理、創見文化的蔡社長等工作人員，以及黃禎祥老師、洪幼龍老師、林裕峰老師、陳安之老師、杜云生老師、杜云安老師、林偉賢老師、傑 ・ 亞伯拉罕、喬 ・ 吉拉德、羅傑 ・ 道森等明師們的教導。以及我在獅子會提拔我的 1516 黃錫峰總監、1415 戴美玉總監、1415 徐碧燕公關長、林齊國國際理事、1516 吳淑梅公關長、古欽仁主席、許鈺妍會長、1516 顏伯卿秘書、1516 黃仁聰財務長、王秀鳳獅姐、吳桂梅主席、吳麗惠會長、玉豐獅子會的家人、寶貝家族的大家等獅子會的好朋友；謝中國人壽大昇通訊處所有的同仁、韓昇衛處經理、郭瓊鎧資深經理，6call 系統創始人方老師，感謝我媽媽、我姐吳玉芳，姐夫曾光輝一家人；感謝全豐盛的陳姵華經理、陳錦昌副理、組訓部的同仁；感謝我的好友陳婉琪、陳佳暄、施燕伶、楊愛多、高宏鑫、陳宏毅、余源盛、陳柔竹、龔煥燃等；感謝我的團隊成員黃一展、劉儀雯、簡稑耘、張桂穎、楊晉宜、何品叡、蕭詩芩、簡宇程、李亞珊、張辰珈和曾經出現在我生命中的所有人，要向你們說謝謝你們，有你在我生命中出現真好！

能讓我快速對他產生極大信賴感的人

宥忠是我在一場演講上認識的學員，他上課認真、學習能力也很強，後來有機會跟他密切相處後，發現宥忠其實是深藏不露的高手，在「2017 世界華人八大明師大會」中的表現令我感到驚艷，宥忠他很有舞台的魅力，台下學員對他一致好評，當初在他加入「王道增智會」後，我對他就有不錯的印象，今年成為王道弟子後我便想栽培他成為國際級大師，他也不負我所望，很多場合也都表現得非常優秀。

這本《超給力人信銷售》一書我看完後發現跟市面上同類型的書很不一般，很棒的是裡面很多實務的經驗分享，一般市面上的書很多都是跟你說「What & Why」就是跟你說信賴感有多重要，為什麼信賴感很重要，卻沒有告訴你如何去建立你的信賴感，就是提供「How」怎麼去做其實才是重點。

書中還有提到如何去借力，我常常說路不是自己走出來了，而是別人走出來的，成功者一定懂得借力抱團、借勢跨界與借智升級！靠社群人脈借力使力，串起同業或異業的人脈，發揮自己最大的影響力。此外本書還有附一本小冊子「45 天人脈開發改造練習攻略」就是教你如何按部就班地去開發你的人脈，只要照著做，徹底落實，人脈將呈倍數成長。

宥忠他本身就是個能讓我快速對他產生極大信賴感的人，我才會將我的培訓事業交給他，才能在短時間內成為我的接班人及史上最快進入我集團高層核心的一個人，的確非常不簡單，他卻做到了，所以我很期待他這一本書的問市，我甚至還與宥忠共同創辦了「全球華語魔法講盟有限公司」，這是一間跨足兩岸的培訓公司，公司將朝上市公司邁進，我也看好他會將更優質的培訓事業帶向兩岸，將台灣人才帶向大陸發展，成為兩岸華人第一培訓品牌。

本書將是貫穿銷售完整流程：接、建、初、追、轉五大銷售系統（接觸客戶→建立名單與信任感→初次銷售→追售→客戶轉介紹）的主軸，一旦將五大銷售系統建置完成的話，將是全世界最厲害的銷售系統，也期許宥忠能在華人培訓界裡成為第一名的講師。

王擎天

信賴感是所有成交的關鍵

在此跟大家介紹一位非常年輕的老師，也是我非常喜歡的一位老師，他叫宥忠老師，是一個非常誠懇、坦白的一位老師，跟時下所有教銷售的老師，最大的不同是他主要強調「信」這個字。人與人之前如何建立信賴感，說來簡單做起來不容易，但是你只要依循著宥忠老師指導的步驟去徹底執行，相信你會一天比一天進步。

「信賴感」是一個非常強大的武器，信賴感是貫穿任何銷售技巧的核心，信賴感更是所有成交的關鍵，如果你能做到讓客戶信賴你，所有銷售將變得很容易。宥忠老師他本身不但做到了這一點，我在他身上感受到了「信賴感」的威力，他從一個素人快速贏得許多大師及老闆的疼愛，都是因為他散發出一種值得信賴的感覺，讓我們很想去幫助他、去栽培他成為華人講師界中不一樣的講師，而他的坦率、親和力、個人舞台魅力都是我看過的老師中最具潛力的，相信他在培訓界可以成為一顆閃亮的星星，為培訓界帶來新氣象。

很期待本書能成為銷售人員人手一書的寶典，相信它能幫助更多人改變觀念和命運，因為命好不如觀念好，你要保守你的心，勝過保守一切，因為一生的果效是由心發出，很開心將這本書推薦給大家。

台灣成資國際股份有限公司總經理
國際創新創業發展協會客座講師、顧問
黃禎祥 Aaron Huang

修辭立其誠

宥忠是個陽光且愛笑的大男孩，與他在獅子會結緣，第一眼看到他的時候，感覺似曾相識，輪廓及笑容像極了一位令人尊敬的獅子會大老，這位大老是位成功的企業家，在地方上舉足輕重，曾任苗栗縣商業會理事長，他之所以受眾人稱許，其言出必行，樂善好施，廣結善緣。而在宥忠身上，除了外貌神似外，宥忠的言行舉止、待人誠懇也如拷貝版，我們曾好奇地追問過他的身世背景，他幽默地說：「找個機會好好問媽媽我的生父是誰？」

《周易．乾．文言》裡說：「修辭立其誠」。《超給力人信銷售》是宥忠的第一本書，他是位勇於承擔的領導人，在接任獅子會會長時，六年級的他，所領導的會員皆是平均 75 歲的資深美女，任期期間深受婆婆媽媽們的熱情支持及信賴，相信除了他個人的獨特魅力外，更將誠實信用的領導風格發揮得淋漓盡致。

馬雲說：「誠信絕對不是一種銷售，更不是一種高深空洞的理念，它是實實在在的言出必行、點點滴滴的細節。」「一個創業者最重要的，也是你最大的財富，就是你的誠信。」人與人間的相處與互動應該建立在誠信的基礎上，約翰．雷說：「欺人只能一時，而誠信都是長久之策。」越有本事的人越沒脾氣，因為其素質、修為、學識、涵養、能力、財力會綜合一個人的品格。信用是一種現代社會無法或缺的個人無形資產，想要獲得信賴關係，就必須讓自己先成為一個值得信賴的人。

國際獅子會竹苗地區 2014-15 年度總監
苗栗縣商業總會理事長 ｜ 戴美玉

天道酬勤、人道酬誠、商道酬信

與本書的作者吳宥忠先生結緣，是在國際獅子會。2015-2016 年度，我擔任國際獅子會 300-G1 區總監 ，宥忠擔任「苗栗玉豐獅子會」會長，我們共事了一年。在擔任會長期間，宥忠不辭辛苦，常常新竹苗栗往返，帶領玉豐獅子會的獅友們，協助推動區務、完成各項社會公益服務。

宥忠有一副刻意鍛鍊精壯的身體，顯見他對自我要求的堅持；宥忠也擅長溝通與表達，但大部分的時間，他選擇「聆聽」；「青春的肉體」包藏著熱情與善解人意細膩的心思，難得的是他能努力吸收學習卻又懂得藏鋒潛沉。在卸任會長一年多的時間裡，他追隨王擎天博士全心學習，並且推出了他的第一本書——《超給力人信銷售》。

在這本書裡有別於一般銷售書籍的「接觸、話術」，宥忠強調的是「推銷的重點不是推銷商品，而是推銷自己。」天道酬勤、人道酬誠、商道酬信，所有的成功，都是做人的成功。因此在本書中，宥忠以他的親身體會，毫不藏私地提出各種建立與拉近人與人「信賴感」的方法，這些實戰的經驗，不僅可以應用在業務推銷，同時也是人與人相處的借鏡。

願要大，志要堅，氣要柔，心要細。這是我從宥忠身上感受到的特質。很榮幸能有機會推薦宥忠的新書，也期許宥忠日益精進，造福更廣大的讀者。

國際獅子會 300-G1 區 2015-2016 年度總監 ｜ 黃錫峰

銷售的大絕招：「信任」

與宥忠認識是在 2016 年底的時候，當時是因為要一起合作一個案子。從那次過後我們就陸續有一些其他的合作或共事的機會。

當時我覺得這個人滿特別的，因為在與他合作的時候完全不會有任何的不舒服感，宥忠時常站在對方的角度思考問題，提供建議和協助。且他身上也很少散發出銷售氣息，儘管他在從事銷售工作的時候也是一樣。

我是個網路行銷工作者，也是一位網路行銷老師，我常與學員提到「信任感」這件事情。因為不論是在實體還是網路上，要讓客戶買單都必須要有基本的信賴感。信任能讓人與人之間的合作更簡單、更容易。當你把與他人的信任感提升到一個層次的時候，甚至客戶不需要知道太多你產品的細節，他也會找你購買。

是的！這件事很重要，也很多人在講，卻很少人在教，又或者說很少人有系統地將它整理並傳授出來。而此書與坊間的銷售書籍最大的差別就是在這裡，書中不去談太多業務技巧、銷售話術，只專注在與你分享銷售的大絕招「信任」這件事情該如何做、做得好、做到別人的心裡。

相信本書對於你一定有幫助，因為就算你不是從事銷售工作，但只要你需要與人溝通（家庭、愛情、朋友……等），都會需要建立信任。期待你可以從本書中學到許多，也相信宥忠以個人實戰經驗及真誠的分享，能為你帶來收穫。

天賦夢想家顧問有限公司創辦人 & 執行長 | 洪幼龍

客戶信不信你，很重要！

你相信參加一場演講活動可以改變你的一生嗎？

我相信！因為我就是這樣改變我的一生，我是一個再平凡不過的人，因為一場演講的課程，加入了王擎天博士所創立的「王道增智會」成為會員，是改變我人生的開始，加入王道增智會後，不論是自我的成長及人脈的擴增，都是倍數的成長，甚至站在國際的舞臺、出書、上媒體等等，最後能成為王董事長的接班人，都是從選擇一個正確的平臺開始。在這邊要感謝我的師父——王擎天董事長的栽培與信賴，還有采舍集團夥伴的幫忙，我才能一圓出書及站在國際舞臺的夢想，感恩這一切的發生！

出版這本書的主要發想，是多年的銷售經驗讓我明白很多成交的關鍵並不來自於產品或是業務員的專業，業務員帶著滿腹的專業知識去向客戶進行專業的解說，有時候只是在幫競爭對手做說明，因為客戶在了解了產品之後卻轉而向與他關係良好的朋友購買，只因為朋友的信任度比較好，就像我們在誠品或金石堂門市看書，看到了想要買的書，卻是選擇在博客來網站下單，因為價格比較便宜。

很多人在人際關係上，常常有和對方對不上頻率的狀態，甚至很多人以為彼此的信賴已經到自家親兄弟都比不上的關係，但很多時候都是你自己認為的而已，因為很多人把信賴跟信賴感混為一談了，是不是你也認為信賴跟信賴感是一樣的呢？

接下來我舉的例子，或許能讓你更明白之間的差別。現在世界各地的風景觀光區，很流行用透明玻璃興建天空步道，就是在很高的山上搭建一個步道，步道上支撐我們雙腳的是一塊塊透明的大玻璃，每一塊玻璃都足以支撐你身體數倍的重量，儘管那些玻璃的安全係數很高，你要刻意地打破它都很困難，但還是很多人不敢走天空步道，為什麼呢？我們明明知道步道十分安全，它的材質和架構都是經過高科技的演算設計而成，安全無虞。但是因為走在天空步道上，從高處往下看是一覽無遺的深谷、斷崖 ，加深了人們心中的恐懼與不安全感，天空之橋是很安全的，卻沒辦法給人們相對的安全感，所以如果要讓不敢走天空步道的人讓他大步前進，除了拿一把槍抵住他的頭威脅他前進之外，就是要給他足夠的安全感。

信賴跟信賴感也是一樣，你單方面地認為自己過往的記錄都是良好的，沒有欺騙過客戶的紀錄，但是為什麼你還得不到客戶的信任，主要是你沒有給你的客戶有足夠的信賴「感」，光是你是值得信賴的業務是沒有用的，因為客戶感覺不到，只要你能給客戶有足夠的信賴「感」，即使你本身就是騙子，客戶一樣對你十分信任，不然那麼多的詐騙怎麼來，都是因為他們所表現出來的一言一行，給人足夠的信賴「感」，受害者才會被他們予取予求，所以我們在銷售任何產品的時候，應該先把信賴「感」的建立擺在第一，尤其是相似性很高的行業更需要靠信賴感來成交客戶，例如保險業、房仲、金融相關等，希望每位讀者可以在本書找到適合你的人際經營模組。

CONTENTS

前篇 別做讓信賴感扣分的事

Chapter 1 調整心態，改變的起點

Chapter 2 在關係中找關係，有關係就有生意

Chapter 3 付出才會傑出

Chapter 4 如何每天認識新朋友

Chapter 5 善用人脈存摺逆轉勝

Chapter 6 練功再進化成為業務贏家

Chapter 7 開始要求業績才會來

Chapter 8 永遠不會準備好，去做就對了

成功銷售秘訣在「信賴感」

有一句名言這樣說：「一個人能否成功，不在於你知道什麼，而是在於你認識誰。」史丹佛研究中心曾經發表一份調查報告指出，一個人賺的錢，12.5% 來自知識、87.5% 來自關係，人脈，也就是你創造富貴的「金脈」，要有良好、優質的人脈之前，要知道如何拓展自己的人脈，在哪裡可以認識這些人？怎麼認識新朋友？人家為什麼要認識你？如何借用別人的人脈？怎麼利用團隊？

以八二法則來說，這本書會著重 80% 在如何與他人建立關係，進而發展緊密的關係，20% 只會在銷售部分著墨，因為基本上你只要將那 80% 的部分處理好，另外那 20% 可以說是水到渠成，最重要的是，學會了書裡的每一個技巧，一定要去一一行動，行動才能知道自己的不足，行動才能修正錯誤。如果給你一把槍，要你去打一個 50 米外的靶，你從白天開始瞄準，一直瞄準卻遲遲沒有開槍，從早上瞄準到晚上都還不扣下板機，直到深夜才覺得瞄準好了開出第一槍，結果沒有中，這時候你又開始進行瞄準，但是如果你一拿到槍之後，一瞄準後就開槍，沒中，再以第一槍的經驗來修正第二槍的準度，開第二槍沒中，再準備第三槍，每一槍射中的距離會離靶心越來越近，第四槍終於打中紅心了，整個過程花費不到十分鐘，但是如果光是瞄準不開槍是很難修正你的錯誤的。

只有行動可以改變命運，當你業績不好、人脈不多的時候，請你不要待在家裡，走出去，去接觸人群、接觸市場，書上提到的技巧也許不是每一項都適合你，但你可以自行調整修正，將每一項技巧練到熟練了，你就成功了。

我一開始接觸業務工作的時候，前輩們教導了很多業務方面的知識和技巧，也上了許多有關業務話術、開發的課程，這些技巧運用在業務領域，的確有很大的幫助，但是我發現技巧是死的人是活的，一次經驗讓我終身難忘：有筆訂單的洽談，前期雙方談得很順利，我的產品知識、態度、對應、禮貌都做得很到位，洽談得差不多時，採購小姐對我說隔天就會下訂單給我。於是第二天一早我就禮貌性地打電話問候，她卻沒有接電話，第一通沒接我電話，我只是單純地認為可能她在開會，業務的訓練讓我知道不能太急迫性地奪命連環 call，半小時過去後我再打第二通電話給她，結果還是沒有接我的電話，半小時又過去了，我接著打第三通電話，終於電話那頭有人接了，是她的同事接的電話，並告知我她在忙，不方便接電話，有事情她會主動跟我聯繫。當然那天就如同我心裡預測的一樣，我的訂單沒有下來，當時我心裡充滿了疑惑，是我哪裡做錯了嗎？我得罪她了嗎？產品品質不好嗎？還是價格比其他競爭對手高？不對！以上這些問題都不存在，因為在她口頭說要給我訂單的前一天，我們在電話上有確認過這些問題。之後我當然想盡辦法查清楚狀況，後來，我才從同是競爭對手的廠商那裡得知，原來是半路殺出程咬金，原本要給我的那筆訂單，被另一家不知名的小公司捷足先登了，調查後我發現那間公司的產品品質、公司規模、業界口碑、產品價格、專業技術、服務態度、交貨速度，這些都不如我的公司及我提供的服務來得好，這是為什麼呢？

這件事情經過了三個月後，我由另一位採購的口中得知，那家得標的公司的業務員是那位採購小姐的高中同學，並且才剛進入這行，她對產品的專業知識不熟、開出的報價也比我們高、裝機服務沒有我們貼心、更別提售後服務了。原來是那位採購的高中同學（她正巧在我的競爭對手公司工作）剛剛好來拜訪她，並且做了產品的報告和推薦，那名採購小姐為了挺她的高中同學就把我的單抽掉，換成她高中同學的單，雖然價格比較高，但是又不是那個採購出錢，是公司出錢幫她做人情。產品的服務品質差，那又何妨，因為使用的人並不是那名採購，是現場的作業人員。售後服務慢，沒關係，因為採購完後就不關那名採購小姐的事情。所以那天不接我電話是因為她覺得失信於我的關係，這件事情給我上了很大的一課，就是——關係大於任何產品知識、業務技巧及最終價格。

同一件事情在幾年後角色卻調換了，那時的我是從事保險業，保險業一開始都被教育要從緣故開始拜訪，但是我卻不太敢向親朋好友推銷我賣的保險，所以一開始我都是陌生開發，拜訪客戶跑得很辛苦，成績卻很差，努力持續了一陣子，業績也不見起色，當然很氣餒，一些負面的情緒、想法紛紛冒出來，疑惑自己是不是不適合做保險這行。那一天我和一位初次見面的客戶約在一間星巴克談財務規劃，我自認這方面的知識和準備非常的專業與充足，談吐穿著也很到位，經過兩個多小時的訪談，給了許多的規劃案，客戶始終沒有點頭簽單，最後落得再考慮看看的官方說法，因為這個客戶在一開始接觸的時候是對我友善而且他主動提起他有興趣，所以我認為成交機率很高，但最後還是以不成交收場，這樣的落差讓我十分沮喪，當下我也沒有心情再去跑其他的案子，剛好想到附近有一位之前爬山認識的朋友林大哥，跟林大哥認識了三年多，偶爾會相約去爬山玩水等戶外活動，算是不錯的朋友，彼此也很談得來，因為從事保險後也比較忙，想想大約有半年沒跟他碰過面了，都是通過 LINE 聯絡，由於他的公司正好就在這附近，就想去找他純聊天，我到林大哥公司時大約是下午一點，因為我沒有事前預約，剛好林大哥那時候正和人談事情，他看到我很開心地出來迎接我，我不好意思地說：「林大哥你有客人我就不打擾了，改天再來找你。」林大哥卻說沒關係，說：「你要是不趕時間等我一下，我也談得差不多了」，剛好我下午沒有安排其他行程，索性就坐在他會議室的另外一個小圓桌等，我打開筆電準備上網打發時間，卻聽到了隔壁林大哥與另外兩位的談話，因為會議室不大，只有簡單的 OA 屏風當隔間，所以他們談的事情我都聽得一清二楚，原來那兩位是同行，也是保險業務員，他們是在一次商務餐會上認識的，經過幾次的約訪最後這次應該是要來成交林大哥的保單，過程中我聽到對方的財務規劃和保障條件其實不會比我的方案差，主要他們還主動提出可以幫林大哥爭取多 3% 的現金回饋，我一聽就知道這是拿自己的佣金退給客戶的伎倆。可能是因我在等的關係，我感覺林大哥在催促他們趕快結束，下次再約時間來談，果不其然不到十分鐘，那兩位就離開了。

之後林大哥跟我說抱歉讓我等了一個多小時，我當然覺得不好意思，因為是我臨時來訪造成他的困擾，但是我感覺不到林大哥有被我困擾到，反而是拉著我去他的辦公室，興奮地說他最近去菲律賓玩飛行傘的體驗，一聊就聊了兩三個小時，在過程中我當然對那兩位同行推的保單很好奇，就問了一些問題，才知道他們已經來拜訪兩次了，今天是送前兩次溝通後的規劃書，原本就是來確定保單的，但是因為我來找林大哥的關係，林大哥滿腦子都是想跟我分享去玩的喜悅，所以早早就打發那兩位保險業務員回去。就在天南地北的聊天後林大哥問我怎麼穿得那麼正式，我才說出我現在從事保險業，並急忙解釋不是來賣他保險的，是因為早上的案子談得不順利，就想來找老朋友療傷。聽完這幾句後，林大哥問我手上有沒有跟剛剛那兩位同行差不多的商品，我回答保險都差不多的，只是產品組合的差別，可以組合出類似的商品保障內容，我講完這一句話後，林大哥就接著說：「那你把合約拿出來，我跟你買一份保單」，我說我建議書都還沒有打也還沒有跟你說明內容，林大哥立即表示內容不是剛那兩位已經解釋了嗎？接著我不好意思地拿出要保書的合約，一張空白的合約，內容都還沒有寫，林大哥就問我要在哪邊簽名在哪裡蓋章，內容叫我之後再填寫上去就好，他想趕快簽一簽，然後找我一起去吃飯。就這樣我意外拿到了一份大合約，這筆佣金將近快二十萬，我沒有退一分錢，沒有講到一個有關保障內容的一個字，沒有在合約上寫任何內容，花不到三分鐘就簽下了一筆大單，前面的同行做了三次拜訪，也送了一些禮品，卻沒能拿下訂單，此次的經驗讓我想起幾年前莫名其妙失去訂單的情況是一模一樣，只是我是變成那個半路殺出的程咬金，其實我並不是靠那三分鐘時間就拿下訂單，是之前我和林大哥每次出去玩建立的友誼和信賴感，只是在這三分鐘一次給了我，之後我發現產品、專業、價格、服務這些都比不上信賴感，我不是說其他的不重要，只是那些是做業務的基本要素，基本要素要拿來當作成交的工具就遠不如信賴感了。

先賣自己，再賣商品

我曾經上過日本銷售之神松橋良紀的課程，他認為做業績「拉關係最重要」，科技推陳出新，AI 機器人當道、fintech 成為趨勢，科技逐漸取代人力，如何讓自己成功脫穎而出，學習創新技巧成為不二法門，而松橋良紀獨創的「聆聽式銷售法」，讓月薪成功從 20 萬日圓暴升到 100 萬，他指出，成功銷售秘訣在「關係」。

松橋良紀指出，經歷多次景氣循環，他發現成功銷售的秘訣在「關係」，業務員必須先賣自己再賣產品，他說，「這個時代，業務致勝的關鍵，在於具備『建構信賴感』的技巧。」懂得和客人聊天，讓他卸下心防，更能加快成交速度。

26 歲就從青森鄉下到東京打拚做業務的松橋，曾經認為用心花心思做好產品介紹客戶就會買，結果講越多業績越爛，連續三年墊底，差點被開除。但參加業務課程後，他體悟到「少說多聽、問對問題」才是王道，一個月後，業績就從後段班衝到全公司 430 位業務人員中的第一名，月薪從 20 萬日圓暴漲到 100 萬，宅男翻身超級業務員，進而受邀 NHK 電視台、《鑽石週刊》、《東洋經濟週刊》等媒體採訪。

松橋良紀被稱之為「沉默的銷售之神」，其高業績的秘密武器，是獨門絕招「下巴附和法」。一旦附和了對方動下巴的頻率，就會連聲音、表情、說話的速度和節奏、呼吸等，都和對方一致，信賴感也會大幅升高。「實驗證明，聽人家說話的時候，會跟著動下巴、點頭附和，和完全不這麼做的人相比，對方的發言機率會增加 48%。」這種種的做法無非都是為了要提升與客戶的信賴關係。

你必須先花 80% 的時間，去創造 20% 的成就，如果成功要花 5 年的時間，你就必須要花 4 年的時間打基礎，但是最後 20% 的時間，會帶來 80% 的成就，也就是你努力了 4 年會覺得怎麼沒有什麼成績，可是最後一年的努力倍增，所有成就都出現了。

日本銷售之神 原一平，曾經賣出一個大保單，在談成那筆大單的過程中保險的專業和業務技巧只佔 20% 而已，而另外的 80% 的時間都花在建立信賴感。首先他先選定目標客戶，他想有錢的企業家都有打高爾夫球的習慣，於是他先去知名的高爾夫球場觀察來往的車輛，看看哪一台車是名貴的車種，鎖定一位企業家後開始觀察，觀察他的穿著、打球姿勢、球鞋品牌、喝什麼飲料、用什麼牌子的球具、在球場的早餐都吃些什麼、穿什麼牌子的運動服、帶什麼牌子的太陽眼鏡，觀察好一陣子後才開始進行接觸。首先原一平會先穿和目標客戶一模一樣的運動服、用相同品牌的球具、打球的姿勢也調整和對方一樣、球鞋也是一樣牌子同個款式顏色，然後提前出現在目標客戶面前打球，當那位企業家客戶到球場後自然目光會被穿著一模一樣的人吸引過去，然後又看到使用的球具一樣、鞋子的品牌款式顏色都一樣、甚至連揮桿姿勢都很像，當然就會好奇地前往問候，當然原一平會說他平常都是這樣打扮，也不知道會有那麼巧合的事情，隨後他們一起在球場共進早餐，當然原一平會先點餐，這時那位企業家會發現「天啊！你吃的也跟我一模一樣」，當然這都是原一平觀察過的，之後聊天的內容當然也是他設計過的。所有的一切都是為了迅速與企業家拉近關係，以便建立強烈的信任感。之後兩人相談甚歡，企業家還邀請他週日來家中聊聊，原一平則說不如來他家吧！因為原一平早就將家裡的擺設等等設計過了，等到企業家一到原一平的家嚇了一跳，因為他看到原一平的車竟然跟他一樣都是賓士，而且是同款式，同樣都是黑色，彷彿回到了自己家那般地熟悉，當然之後的場景都是熟悉的，沒多久原一平就拿出他公司的一些產品建議規劃書，因為信任度夠所以也沒有太多的反對意見，而且對方也沒有進行所謂的比單，就順利簽下了一筆大合約。看看這個成交流程原一平先花了 80% 的時間進行調查和拉關係以培養信賴感，最後只花 20% 的時間提出方案促成合約，但是一般的業務員卻恰恰相反，只花 20% 建立信賴感卻花 80% 提出方案促成合約，這樣會淪為信任度不夠，客戶就算覺得你產品好，也會找其他家產品進行比單殺價。試想，如果你今天跟原一平一樣是賣保險的，你覺得你找死黨賣保單比較容易還是陌生人，相信這是你我都知道的，很多保單都是捧場性質的保單，對方買的時候完全不會在乎保單內容，他只在乎有沒有幫到你的業績，所以我們應該先建立信賴感之後再來銷售產品才是王道。

請花點時間思考：

- 寫下五個你的身邊有哪些人與你的事業或所從事的產業有關，能夠成為你的助力？

1. ____________________
2. ____________________
3. ____________________
4. ____________________
5. ____________________

• 如果沒有，你想從哪五個管道獲得這樣的人脈？

1. ______________________________
2. ______________________________
3. ______________________________
4. ______________________________
5. ______________________________

• 寫下五個你要如何與你的貴人持續互動並永續經營與他們的良好關係。

1. ______________________________
2. ______________________________
3. ______________________________
4. ______________________________
5. ______________________________

前篇 別做讓信賴感扣分的事

1 別當他人的地獄

我相信你一定有過這種經驗，就是被長輩說教的當下常常感到不耐煩，只想趕快逃離現場，但夜深人靜的時候捫心自問他們講的是否有道理，其實八九成都是有道理的，為什麼當下聽不進去呢？

因為順序不對了，一樣的事情，順序不同，結果就完全不同。例如，一名女大學生白天上學，晚上去酒店上班，你聽了是什麼感受？是不是覺得那女生不求上進，為什麼要自甘墮落。那如果一樣的事情順序反過來說呢？一名晚上在酒店陪酒的小姐，為了充實自己所以把晚上賣身的錢用來讀大學，是不是覺得這女孩很上進，一樣的事情只是陳述的順序不同而已，就對那女生有完全不同的觀感，一個是墮落一個是上進。

喜歡說教的長輩們其實犯了一個錯誤，就是順序沒有搞好，「應該是先處理情緒，再來處理事情」，人際關係中最重要的就是情緒問題，因為人不是機器，人有高潮低潮，喜怒哀樂，所以人際關係首先要注意的是不能把對方的情緒弄糟了。

法國著名作家保羅．薩特說：「別人，就是地獄」，為什麼別人是地獄呢？例如，一名女子三十五歲還沒有結婚，也沒有對象，她自己過得很開心、很自由、很享受單身生活。但每當過年過節一些親戚們總是不忘逼問她：「什麼時候結婚啊？幹嘛那麼挑呢？隨便找個男生吧！」那個時候他人是地獄，三姑六婆是地獄，隔壁的王大媽一直幫她介紹相親對象，王大媽是地獄。當你考試考不好時，你自己已經很自責內疚了，隔壁的同學說：「我考 100 分

ㄟ」，老師也對你說：「你有看到很多人都考 100 分嗎？你怎麼考得那麼差。」回到家媽媽不滿地說：「你怎麼連隔壁的小明都考不過。」別人，是地獄，考 100 分的是地獄，老師是地獄，媽媽是地獄，隔壁小明是地獄，所以別人是很容易變成地獄的，除非你身邊環繞的人是有同理心的人。

我們常常因為自己認為的人生應該怎麼過，就把這種枷鎖放到別人身上，認為別人要依照你以為正常的方式來過生活，才是正常的。

以前我朋友曾向我抱怨過一件事情，就是她跟她先生結婚兩年多，一直沒有小孩，不是因為生不出來，是因為他們想先專心打拼事業，加上也沒有很想要生小孩，兩人世界也挺好的，所以一直沒有積極的生育計畫。但是有一次她婆婆在一次里民大會中，無意聽到隔壁的鄰居說，她沒有小孩可能是生不出來之類的，附近的鄰居也說這樣不好，結婚就是要有小孩才是完整的家庭，她婆婆聽了很生氣，回去就對兩夫妻下最後的通牒，要他們生一個出來，不然會被鄰居看笑話。

我朋友為了婆婆的面子，為了不讓鄰居說是非，就努力做人，於是一年後小孩出生了，但因為是雙薪家庭的關係，兩個人都要上班，小孩常常半夜哭鬧，婆婆因有高血壓也沒有辦法幫忙照顧，搞得一家人常常為了誰來照顧小孩而爭吵，甚至幾次鬧離婚，婆婆也因為小朋友要找保姆很是頭大，因為請保姆要花一筆錢，又怕保姆會欺負她的孫子，自己帶又沒辦法，要媳婦辭職自己帶，家裡的房貸車貸誰來繳，原本好好的生活就因為當初別人的閒言閒語而變得如此辛苦，甚至有一次她婆婆終於爆發了，跟她鄰居抱怨說都是他們當初的一番話，才讓她現在過得那麼辛苦，但是鄰居說她們完全不記得有這麼一回事，不記得有說過這些話，還反過來指責她婆婆太自私，都是為自己想等等……，是不是鄰居是地獄，婆婆是地獄？所以我們不要認為我們無心的話無傷大雅，很可能對他人來說就是一個地獄，更不要當別人的十八層地獄。

2 別逾越了人際關係的界線，給人添麻煩

這個社會不是只有我們自己，我們只是這社會關係的總和，我們跟每一個人都有社會關係，只是程度有所不同，例如我跟坐在我前面的同事和坐在我後面的同事就有不同的社會關係，我跟我前面同事比較好，跟後面同事比較沒那麼熟，所以我前面的同事敢請我幫他一些忙，我後面的同事就不敢，因為我跟他沒有那麼熟。相對的，我在開玩笑的時候，對我前面比較熟的同事尺度就會比較大，對後面的同事就會比較斟酌。人跟人的人際關係，如果一旦越過了那個分寸，你就是給別人添麻煩。

例如，你走進一家咖啡廳，當時並沒有單獨空的桌子及座位。一個陌生的客人好心地說你可以和他併桌，這是你和那位陌生客人之間所具備的人際關係，這是很常見、很一般的情況，不至於和給人添麻煩扯上關係。可是，如果在別人分座位給你，你坐下來時，你卻說：「我沒有錢買咖啡，你可以請我嗎？」這時候你就越線了，你逾越了份際，而讓對方「為難」了，因為他會不知道要怎麼應對。

我們一般跟人打招呼的時候，都會習慣問候對方說：「你吃飽了嗎？」「最近好嗎？」對方會回答：「我吃飽了！」「過得很好！」之類的，就算他過得不好，那也不是他在騙我，而是因為他懂得尺度，不想超越我們兩人該有的人際關係，就算他得了癌症沒辦法好好吃飯，也不會這樣跟我說：「我沒什麼胃口，因為我得了癌症。」如果他說出這樣的話，就是超越我和他之間的人際界線，因為我不是他的家人、好友、同事，他講這個會令我很困擾不知如何回應他，因為身為一個正常的人，都有惻隱之心，一旦知道他生重病生活過得不好，當下會不知所措，總不能說：「喔！那你保重」，然後就轉身離開，可是因為我和他不熟，也無從安慰他，所以他不應該跟我講這個事情。

「麻煩」的定義很簡單，超越那個人際界線，你就是給人添麻煩，所以小孩子生病了，父母親整晚沒睡去照顧小朋友，那不是添麻煩；男女朋友同居在一起，幫你倒杯水那不叫做麻煩，合理範圍裡的相互照顧不是添麻煩，因為這是他們的正常的相處模式，可是面對不甚相熟的你，我問候你過得好不好，你說你得了癌症，吃不下睡不好，你超越了我們的人際關係，這就是給我添麻煩，所以，切記不要超越你跟對方的人際關係底線。

3 改掉不想麻煩別人的習慣

不知道大家有沒有一個經驗，就是很多人認為不要跟銀行借錢，是最明智的事，因為日後買房子若需要貸款的時候，銀行會因為你沒借過錢，表示你以前的信用良好不需要借錢，會特別給你最高的貸款額度和最低的利率，但事實上，並不是這樣子的！你不曾跟銀行打過交道，所以銀行不清楚你的信用如何，銀行反而不會那麼容易借給你，因為你的信用是空白的，反而是那些曾經跟銀行借過錢、打過交道，並且還款正常的人，他們的信用評分會比較高。

昔日在上海灘呼風喚雨的「上海皇帝」杜月笙曾說過一句話，他說：「從來不麻煩別人不叫做人情，人情是你麻煩了人家，然後你懂得怎麼還回去，那才叫做人情」。夫妻間也是一樣，之前聽過一個故事，有一對夫妻，先生是上班族，他老婆因得了癌症，體力虛弱，需要長時間在家休養，但是每天這位先生都會在中午休息時，打電話給他老婆交代她，晚上想吃什麼、喝什麼，還要有什麼甜點，一一說清楚，希望他老婆能幫準備好等他回家。一天、兩天都這樣，同事終於看不下去了，就指責他怎麼那麼不體貼，老婆都已經病成這樣了，還這樣麻煩她，但是他卻跟同事說，他不得不這麼做，他當然很心疼老婆，但是這樣做可以讓他老婆暫時忘記自己是個病人，覺得自己也是別人需要的對象，讓她有存在的價值，所以他老婆雖然很辛苦地準備這一切，但內心是滿滿的滿足，明白自己的老公還是需要她的，如果她老公怕她累，不再麻煩她了，這樣會讓他老婆失去了存在的感覺，反而是一種傷害。

有一部電影叫《觸不可及》，是由一名法國富翁的自傳《第二次呼吸》改編而來，是一個描述問題黑人小伙子和殘疾富翁的故事。影片中，德瑞斯這名黑人，剛從監獄出來，想著怎麼養活住在巴黎郊區的一大家子，此時富翁菲利普家在招募傭人，他想若是不成也能靠富翁的拒絕信去領取失業救濟金生活，就去應徵碰碰運氣。黑人因為覺得自己不會被選中，所以只是隨隨便便應付一下，富翁卻很中意他，因為富翁覺得黑人小子的隨意態度讓他感覺受到正常人般地對待，沒有絲毫被被人同情的感受。所幸，黑人也還算盡職盡責，黑人習慣在工作後帶富翁出去溜達，雖然他隨性且自由散漫的生活方式與這豪宅格格不入，卻也打開了富翁心中的鬱結，兩個人相處得很融洽，也互相改變著，原本胸無大志的黑人被富翁的生活態度所感染，而富翁也被德瑞斯照顧得很好。劇中殘疾的富翁喜歡被黑人照顧的原因，最主要是因為富翁被當成正常人看待，黑人雖然給富翁添了許多的麻煩，但是這就是社交貨幣的發行，與和銀行打交道的道理是一樣的。

所以，不要怕去麻煩別人的原因是，第一，別人被麻煩的時候他會感覺到被你所重視，第二，當你麻煩別人的時候，表示你跟他的互動是頻繁的，第三，只要他願意幫你，他的心裡一定是認同你這個人才會幫你這個忙，重點在麻煩別人後的態度，應該要適時地還人情，這樣的人情有來有去，有流動的人情才能長久的。

在莎士比亞名著《哈姆雷特》裡提到，一個父親在送他孩子遠行的時候，對孩子說：「不要借錢給別人，也不要跟別人借錢。」這是一個父親對兒子的囑託，卻不知道他這個囑託會害了孩子的一生，因為尋求幫助和幫助別人才是人脈建立的有效管道，如果人情是個貨幣，你就應該發行你自己的社交貨幣，麻煩別人正是發行社交貨幣最正常的方式，因為這個社交貨幣就像是人家借你一萬元的社交貨幣，你就應該連本帶利的還給對方這個一萬多的社交貨幣，就算一時還不起，你也應該每一段時間付點利息給借你社交貨幣的人，讓他們知道你懂得做人道理，也可以讓他們沒有「虧」的感覺，至少還有利息可以拿，有利息可以拿表示本金還在。

請記住，還回去的社交貨幣一定要比當初借的還要多，但是不是要花更多的錢就不一定，而是要讓對方感受到你的誠意和用心，那才是社交貨幣的重點。

4 話題總是圍繞著自己

每個人最感興趣的便是自己，當我們拍團體照的時候，一拿到相片一定第一個先找自己，如果拍下的瞬間剛好拍到自己那時候閉眼睛，你就會說這張相片拍得不好，如果是別人閉眼，你就覺得還好，所以每一個人最感興趣的是自己。也就是說，如果你和別人聊天都只顧著聊自己的事，那可是會令人受不了的。

例如，小孩都唸同一所幼稚園或學校的媽媽們聚在一起聊天時，有某位媽媽顯得特別健談，你若仔細聆聽她們之間的對話，會發現當別人一開口說話，這位媽媽就會立刻搶著接續話題，例如「哎呀！我也是這樣耶」然後便自顧自地聊下去，也不管人家原本是想討論幼稚園或學校的問題，只一味沉浸在自我的世界，口中不斷叨叨絮絮：「我的情形是這樣……」只要是在眾人齊聚聊天的場合，這種人勢必會受到孤立。

這世上就有人只關心自己，成天盡是對著毫不相干的人訴說自己昨天做了什麼事、小孩又怎麼樣的。當然不只是媽媽們會這樣，男生也會如此，例如之前就曾聽過同事們聊的是——

「昨天我老婆生病了，害我照顧小孩照顧到半夜，結果小孩還說……」、「剛剛我遇到一個人好有意思喔！你知道嗎？他以前曾經照顧過我，我和他已經有十年沒見了……」、「我的祖父是九十二歲的時候過世的，他做人非常好……」等等，諸如此類的話題，居然不是發生在下班後大家一起去喝酒閒聊的場合，而是在上班時間對著同事說的話！被迫聽這些閒話的人，往往以為話題可能慢慢地就會轉移到工作上，於是懷抱著耐心姑且聽之，結果預期總是落空，話題最後還是始終繞著說話者打轉，這種人就算是碰到長輩，依然會我行我素。沒錯，有時候長輩在和我們說話時，你的確不容易打斷他。但這類型人總能伺機而動，尋找可以切入話題的空檔，而且只要插話成功，馬上就會把話題轉回到自己身上，這類型的人所談的話題，倒不一定都在吹噓自己，有時可能也會聊聊他失敗的經驗，或者是鬧過的笑話，總之，他們大多都有長舌婦的傾向，也一個比一個會說話，當然，即使是這樣的人，偶爾也會有主動「關心」別人的時候，比方說，他可能會問你：「你昨天在幹嘛？」但你可別開心得太早，他只不過是為了自己可以接著聊說：「我呀，昨天做了……。」而埋下的伏筆罷了。換句話說，當他主動問你：「你曾出國去過哪兒嗎？」很可能接下來他就等著跟你說：「我曾經去過那裡……」之類，講話習慣預留伏筆的人，主要是因為他覺得一劈頭就聊自己的事可能不太禮貌。也就因為如此，在沒有辦法的情況下，他才會採取主動開口詢問對方的方法，當然，像這種人是不可能真心對你的話題感興趣的，他所在意的只有自己，以及圍繞在自己周邊的事物。所以他幾乎不關心眼前人在說什麼，因為他的心思全放在如何瞄準空檔，以便隨時把自己的話題插進去。

許多人剛開始與這樣的人交往的時候，都會覺得這個人性格很開朗、很善於交際，你如果稍微仔細聽他說話，可能還會覺得內容很有趣。但如果你每一次聽到的都是關於他自己的事情時，相信任誰都會感到厭倦吧？

人與人之間的對話，應該是建立在雙方相互的瞭解與意見的交

5 什麼事情都是往壞處想

遇到負面人格的人，你能跑多遠就跑多遠，因為凡事碰到負面思考的人都將變了調，都會往不好的方向移動，如果你不希望成為他下一個批評、唱衰的目標，就盡量遠離這樣的人。而你也不要成為這樣的人，以前的我很愛交朋友，幾乎是來者不拒，白領、藍領、打工小弟、老闆、總裁皆來者不拒，所以我算是個朋友很多的人，也一直覺得朋友很多是好事，但是隨著年紀漸長，我漸漸感覺自己並不像年輕時那麼喜歡交朋友，因為我發現，朋友的數量就算再多，也不如幾個很好的知己，質感比數量還重要，朋友的好與壞，真的會影響我們的生活品質，你跟誰綁在一起會決定你是誰，你跟郭台銘走在一起，你就是企業家，先不管真假，但在別人眼中你是這樣，跟吳宗憲走在一起你就是開心的人，跟我師父王擎天董事長在一起，你就是個有學問、有涵養的講師，跟負面的朋友在一起，你肯定變成負面思考的人，朋友的格調會決定你帶給人的印象，甚至可以說要觀察一個人，就先觀察他身邊的朋友，所謂的「物以類聚」就是這個道理。

那些頭頂上總是罩著烏雲的人，很黑暗、很愛批評別人、憤世嫉俗、喜歡罵人、毀謗別人，情緒管理不佳、道人是非的人，這樣的人我能避就避，能不交朋友就不會跟他們來往，與這樣的人交朋友，你就會變得跟他們一樣，成為充滿負面情緒的人，對你來說，絕對不是好事。

要如何觀察對方是負能量的人呢？首先他們愛爭執，有人得罪他，就一定據理力爭到底，總愛攻擊別人，凡事不合他的意絕對不給人台階下，喜愛羞辱人，他不會真心的祝福你，也不會替你的幸福或成功感到快樂，去餐廳吃飯喜歡當奧客挑三揀四，或許當你與他同個陣線時，他會和你一起批鬥別人、一起講別人的壞話，但是你要想，如果有一天，你跟他不是同一陣線的、意見不同了，甚至有利益衝突了，他就會用同樣的方式對你。

負面人格的人看待事物的角度也不一樣，例如我看到成功的人士，會想要向他們學習，希望有朝一日自己也能有像他們一樣的成就。但是負能量的人就會想到嫉妒、不滿，怨自己時運不濟，遇到好事總是會詛咒、看衰別人，有明星結婚就酸人家早晚會離婚，有人談戀愛就等著看人家分手，任何事情在他們眼裡都是充滿了怨念和不滿，遇到這樣的人，能離他多遠就多遠，不要去想改變他的性格，這是無法改變的。如果你不希望成為他下一個批評、唱衰的目標，就不要跟這樣的人往來，即使他在你的面前表現的是好朋友的樣子，但他在別人面前說你絕對不是這麼一回事。

多跟正面思考的人交朋友，正面思考的人永遠會鼓勵你，真心希望你幸福快樂，希望大家都好，而不是只有他自己好，別人不好。當然每個人都一定會有負面情緒，但我們要避免被負面情緒牽著走，避免做那些令我們後悔的事。這時候你需要正面積極的朋友來陪伴開導，你也要學著處理自己的負面情緒，轉念、接受，讓自己成長、堅強，當你越來越正面積極，那些不是真心的朋友、不適合你的人，就會自動消失在你的生活，不用怕朋友變少，只要真心的留在你身邊就足夠，所以我再也不追求當個「人緣好」的濫好人。

6 得理不饒人，傷人傷己

「有理也要讓三分」這是一種胸襟、一種大氣、一種瀟洒，更是成功者的特質，俗話說：「有理走遍天下，無理寸步難行。」生活在這個世界上，我們凡事要講道理，但是，如果我們因為自己有理就「理直氣壯」，得理不饒人，使得對方「理屈詞窮」，就是在茅房裡撐竿跳「過分了」。尤其是在職場中，「理直」並且心平氣和地去說，比理直氣「壯」更容易達到目的，也不會讓對方感到不舒服，更不至於會讓原本是有道理的你變成得理不饒人的奧客。在現實生活中，有不少衝突都是由於一方或雙方糾纏不清或得理不讓人，一定要小事大鬧，爭個勝負，結果矛盾越鬧越大，事情越搞越僵。

我之前有個同事叫阿正，做事認真負責，上級交代的事情他都能在時間內完成，最容不得其他同事的偷懶和犯錯，所以他深獲主管的賞識。有一天，阿正出外洽公，恰巧因一件私事而較遲回到公司，回來時他發現同事小歪正在利用公司的電腦聊天，阿正就將此事上報給了主管，並對小歪公開進行責問，沒想到卻遭到小歪的回嗆，阿正更是得理不饒人，一怒之下將小歪的電腦關掉了。小歪並不服氣，他抓住阿正外出洽公遲歸的事實強烈要求到總經理那裡去說個明白，總經理聽取了事情的始末緣由後，沒有責怪小歪，反而嚴肅地批評了阿正，並扣了他半個月的獎金，從這以後，更有不少同事對阿正避而遠之了，阿正百思不得其解，自己明明是為了公司好，怎麼會落得如此結果呢？

其實在這件事裡，阿正的出發點的確是好的，是為了公司的利益，但他太過於「得理不饒人」了，而且他在責問人的時候沒有意識到自己也有過錯，站不住腳，所以遭到對方的反唇相譏，結果不但受到了批評處分，也得罪了同事，使得自己在辦公室內被孤立起來。

凡事都要爭個是非對錯的做法並不可取，有時還會給自己帶來不必要的麻煩和危害，其實阿正應該學學「難得糊塗」的心態，在這些小事上，沒有必要爭得那麼清楚明白，不妨「糊塗」一下，即使得理也知道要讓對方三分，用寬容之心來處理這件事，就能有個圓滿的收場。在職場中，我們每天都會遇到很多事，不可能事事都順心。可能這次你是有理的，但搞不好下次理虧的是你，所以「有理讓三分」才是一種高超的職場智慧。

日本的索尼公司倡導尊重每一位員工，使人盡其才，安心工作。同時也能容忍員工的不同意見，包括一些難以避免的錯誤。

索尼公司的觀點是：只要有錯即改，引以為戒，那就還有可取之處，盛田昭夫就曾對他的員工說過：「放手去做你認為對的事，即使犯了錯誤，也可以從中得到經驗教訓，不再犯同樣的錯誤。」這體現了索尼公司的容人之心、寬容之心。這樣，員工才敢放心大膽去探索、實踐，發揮創意，才有利於調動每一個員工的聰明才智，盛田昭夫的話代表了一種容人的胸襟，更是一種取勝之道，因為在對方有錯的情況下放他一馬，會讓對方對你心存感激，從而懷著一顆感恩的心與你相處。這時候，你當然是大的贏家。

辦公室是個有限的空間，人與人相處免不了會有摩擦，切記要理性處理，千萬不要盛氣凌人，非得爭個輸贏才肯罷休。即使最終你贏了，大家也會覺得你是個不給別人留餘地，過於較真和死板的人，反而會對你敬而遠之。

「海納百川，有容乃大」，在職場中，每個人難免都會有做錯事、說錯話的時候。今天是別人得罪了你，很可能下次就是你得罪別人。所以，不管自己多有理，只要對方已經認識到了錯誤，就沒有必要得理不饒人了，無論做人、做事、做生意，無論何種情況，無論你在做什麼，都必須時刻學會提醒自己：得饒人處且饒人，有理也要讓三分。

7 愛爭辯，總希望辯個理

十九世紀時，美國有一位青年軍官因為個性好強，總愛與人爭辯，經常和同袍發生激烈爭執，林肯總統因此處分了這位軍官，並說了一段深具哲理的話：「凡能成功之人，必不偏執於個人成見。與其為爭路而被狗咬，不如讓路於狗。因為即使將狗殺死，也不能治好被咬的傷口。」

沒有人能從爭辯中獲得勝利的，在職場上，你一定見過這樣的例子：有些人專業能力很強，反應很快，照理來說，應該在職場上表現得很出色，其實不然，正因為他條件不錯，凡事堅持己見，經常跟別人爭辯，同事對他敬而遠之，也不願意好好合作，久而久之，這個人在工作上也難有成就。

在辦公室裡，我們跟同事相處時，難免會有所摩擦、意見不合，免不了會爭執、吵架，不論結果如何，一定會傷害彼此的關係。因此，如果我們要贏得同事的友誼，爭取對方真心誠意的合作，就一定要避免爭辯，有時候你贏了爭辯卻輸了一個朋友的信賴感，這樣是贏？還是輸？

好爭辯是一種人格特質，卡內基本人就是一個活生生的例子，他從小固執、倔強、愛與人爭辯，大學時代，非常熱衷參加各項辯論活動，還曾經著述一本有關辯論的書。為什麼這麼一位好辯的人，為什麼會提出「唯一能自爭辯中獲得好處的辦法，就是避免爭辯」這樣的觀點呢？

原來這跟他的親身體驗有關。有一次，卡內基受邀參加晚宴，那天參加的賓客眾多，眾人交談十分熱絡，這時候，坐在卡內基身邊的一位男士，在談話中引用了《聖經》裡的一段話，卡內基一聽，覺得對方說得不對，就當著大家的面糾正他的錯誤，說「你弄錯了，這段話是出自於莎士比亞的《哈姆雷特》。那位先生當場愣住，堅持自己沒有記錯，他引用的話是出自《聖經》，氣氛頓時變得有點尷尬。後來，一位研究莎士比亞的朋友出面打圓場，「這位先生是對的，這段話出自《聖經》。」

宴會結束後，卡內基問他的朋友：「你確定他引用的話出自《聖經》？我明明記得是《哈姆雷特》」。

這位朋友跟卡內基說：「你說的沒有錯，但是，我們是晚宴的客人，為什麼要和別的客人爭辯，這樣不僅破壞氣氛，也讓主人為難？何不保留他的面子？難道你講贏了，他就會喜歡你嗎？做人別太尖銳了。」

這段話讓卡內基深刻體悟到，人不可能從辯論中獲勝的，假如你辯輸，那就輸了，如果你辯贏，還是輸了，因為你把對方攻擊得體無完膚，傷害他的尊嚴，即使口頭上說不過你，心裡還是不服氣，堅持的觀點仍然不會改變，所以我也經常提醒自己別犯這樣的錯。如果你握緊拳頭去找人爭辯，對方只會將拳頭握得更緊地與你爭辯，切記，沒有人能從爭辯中獲勝。當我們要與人爭辯前，不妨先冷靜思考一下，到底我要的是什麼？ 一個是毫無意義的「表面勝利」，一個是贏得對方的好感。這兩件事就如孟子所說「魚」與「熊掌」不可兼得。你想要的是什麼呢？

8 別成為小氣卻又愛炫耀的雙面人

之前公司有位同事，老是說自己家裡多有錢，出來工作是為了打發時間，賺一些零用錢，他這樣說其實我們都不曾懷疑過，只是後來每次出去吃飯的時候，這位同事總是說皮包沒帶，要一起分攤費用時，又開始精算說哪一盤小菜他沒吃所以不能算他的，開的車也算百萬名車，但是只會開來給我們遠觀，也不曾說要讓我們坐坐順風車，更別提大家一起出去玩時，輪流出車載同事。同事結婚宴客時他包的禮最少，卻總愛嫌東嫌西，一下說氣氛不好、菜不好吃、主持人應該找有經驗的、新娘禮服太寒酸、喜餅不夠大氣，總之跟這種人在一起會得白內障（因為會不斷地翻白眼）。

如果你小氣沒關係，但是不能批評別人小氣，小氣的人也是可以有好的人緣，重點在於要求別人卻沒有要求自己有同樣的標準，這才是問題，所以朋友們，小氣不是問題，小氣的人看不起小氣的人才是問題所在，我們不要當我們批評或看不起的那種人。

世界看似很大其實很小，常常在外都會碰到認識的人，就連我去法國都能碰到以前同事，還是那種打死不聯絡的同事，因為他之前是那種喜愛用嘴巴到處毀損別人的人，表面一套，私下講的又是另一套，通常好話傳到這種人的耳裡，都只會變成壞話，生出一堆我們根本沒講過的話，而壞話就更不用說。與這樣的人相處，你會發現他們身上都有一樣的特質「躲在背後說別人的不是」但要他們出來當面說清楚時，卻不敢面對。這樣的人相信每個人也曾遇過，表面上跟你當好朋友，檯面下卻到處說你的壞話，明面上卻處心積慮討好你，以至於有些人會因此對身邊的人失去信心、信任，這種朋友就，能離多遠就多遠，你也不必太在意這種人的感受，因為不管你怎麼做，他都會說你的不是，路遙知馬力，日久見人真心，這種人我們只要遠離，不需要去解釋和開導，時間會揭開他的真面目的。

白目卻自以為無辜

什麼是白目？白目就是搞不清楚狀況，沒禮貌但是又不知道自己沒有禮貌，哪壺不開提哪壺的人，學生時代講錯話還無所謂，反正大家會原諒你是學生，也就算了。但是進入有利益關係、職場如戰場的公司，有時候無心說錯一句話，惹毛了主管或同事，遲早都會惹禍上身的，所以一定要小心，別指望別人會體諒你沒有惡意，甚至還相信你是無心的。只要得罪人就是得罪人，尤其我們的白目碰觸到別人內心的隱疾或創傷時，有人說那種怨恨是幾輩子都忘不了的。

說真話的底線到底在哪？

不要亂開別人的玩笑這個原則要謹記在心，長輩、上司、不熟的人當然不要亂開玩笑，就算是好朋友也要注意分寸。即便有些事情或缺陷當事者常常會消遣自己，但是假如你以為他自己都這麼說了，也拿那個缺點來說嘴，搞不好就得罪人了！

在電視新聞我們常會看到，原本幾個數十年的老朋友或好朋友，一起喝酒聊天，忽然一言不合就打起來了。那個一言不合往往就是不懂得察顏觀色，不小心碰觸到別人的禁忌，當事人都已經變臉了，自己卻絲毫都沒發覺地繼續說，就會產生這種悲劇。跟老朋友相處最棒的地方就是很自在，不用客套，可以呈現最原本的自己，但是每個人內心一定都有一些最柔軟、最不可碰觸的禁忌，我們若知道，就不要去故意踩地雷，若不知道，不小心講錯話，一發現對方變臉，就要適可而止，並且偷偷記在心裡，以後絕不要再犯。

真話也要有技巧地說，電影《王牌大騙子》裡的金凱瑞，當他被下咒一整天內只能說實話，不是得罪了他所有的好朋友與同事，還因此丟了工作，人有時候真的不能講真話，這也是善意謊言的由來，善意謊言的確是人與人之間的潤滑劑，有太多白目的人都是自以為是個說實話的道德高尚的人，其實很多只是不能體貼別人的冷血動物罷了！

一位法國知名導演曾說過：「如果每個人都只說真話，這個世界瞬間就變成地獄。」的確，在這真實世界，永遠說實話的人會被孤立，交不到朋友，找不到工作，所到之處只會造成一大堆衝突，引起許多不必要的災難。一個人還會在什麼時候對你說謊？例如想得到你的好感、想做你的朋友、想對你表達善意、想討你歡心、想讓你快樂一點，這些善意的謊言，其實只要不是太超過的話都是可以被接受的，對於一個正常人來說，不說假話其實是很不容易的。有人說能夠完全的誠實，完全忠於自己想法的人，大概只有精神病院才找得到，心理學家佛洛姆曾說，精神病人其實才是健康的，因為他們並沒有出賣自我，只不過要抵抗的現實太巨大了，他們在捍衛自我中失敗了，所以我們就說他瘋了，正常人應該可以這麼定義，能夠照社會角色的劇本乖乖演出的人，我們要在社會角色與忠於自己之間拿捏適當的平衡點，其實除了白目的幾個原因，其實同樣的話，由不同的人講，或不同情境講，情況也會不一樣，因此彼此的交情不同，說話內容就跟著不同之外，職位高低，年紀大小，說話的態度也要跟著調整，甚至連坐的位置，走路的先後順序也都要注意，不要坐在不該坐的座位，走在不該走的相對位置，甚至與人談話距離保持的遠近也都是有學問。

人與人之間交往，無形中都會以自己認為與對方的親密熟悉程度定出一個舒適的範圍，若我們違反的話，輕者被視為白目，嚴重者會得罪別人，從言談的交淺言深或相反地與老朋友過度客氣都要避免，甚至跟人相處時彼此身體的距離都有講究的，比如說距離我們身體五十公分是屬於親密距離，除非家人或很熟的老朋友，不然不能隨意侵入這私人領域，造成別人的困擾。

其實也未必要注意那麼多小細節，要做到不要當一個白目的人其實很簡單，就是多聽少講，真的要講出來的話，就三思而言，盡量不對事情做出評論，也是可以避開白目的陷阱，如果不小心掉進去，真誠地道歉是最佳的處理方式，切記，不要找其他更多的理由去解釋你的白目，那只是另一個白目的開始罷了！

克服恐懼勇敢上台。

- 寫下五個你現在有可能對你的人際關係會扣分的項目，檢討為成功之母，試著自我覺察，或問問你身邊的好友：

1. ______________________________

2. ______________________________

3. ______________________________

4. ______________________________

5. ______________________________

- 針對這些扣分的項目你如何去改進：

1. ______________________________

2. ______________________________

3. ______________________________

4. ______________________________

5. ______________________________

- 這些扣分項目有傷害到哪些人呢？試著釋出你的善意去彌補。

1. ______

2. ______

3. ______

4. ______

5. ______

Chapter 1

調整心態，改變的起點

認清自己，才能找到對頻的人脈

「認清自己」這一點很重要，是讓自己調整方向的依據，也是把自己放在哪一個起跑點上開始經營（門當戶對），所謂「門當戶對」意思是說一開始你的人脈起跑點，請從跟你相當的人脈開始經營，不要想一次就認識郭台銘，可以先從同事的朋友、家人的朋友、生活周遭的人們開始。

當你門不當，戶不對的時候，整個頻率是不對的，談的事情、休閒育樂、接觸到的事物都不一樣，很難有相關性，當然不是說完全不行，有的人天生就是交朋友的料，但是一般人我還建議要先找門當戶對的朋友開始經營，這樣也不會有過大的壓力，當然也不能總是一直停留在門當戶對的情況之下，我們一定要有所突破，最好的突破有三個方式可以去嘗試，重點都在於與對方發生關係。

第一、加入社團

獅子會、扶輪社、同濟會、青創會等等的社團，因為加入社團後你就是會員，會員跟裡面的會員就變成門當戶對，裡面的會員可能有公司老闆或是名人，平常跟你是門不當，戶不對的關係，現在因為你加入了社團而不一樣，你們都是會員基本上是平等的，你要跟他聊天也變得容易多了，有聚會活動時你也可以主動當聯絡人，甚至可以爭取當幹部為大家服務。不要整天在想我這樣做吃虧、這樣做得不到什麼好處，你要懂得讓利及營利點後退的道理，只要你有付出就不用擔心沒有回報，只是可能在之後一次全部加利息給你，所以我們不要吝嗇付出，只要是對的事情就依自己的能力去付出吧！因為大家的眼睛都是雪亮的，你的努力他們都會看見，一旦有機會或是有好康的自然會想到你。

第二、參加付費的培訓課程

我們在商業活動上認識的朋友，僅僅只交換名片、留聯絡資訊後就各自離開，所以你跟他只能算是商場上利益關係的一員，也就是說你對他有益處他才會想到你，但是如果我們去上一些成長課或是商業的課程，尤其是那種好幾天大家都關在一起學習、一起上台表演、一起完成老師出的作業，你們的關係不是那種商場上薄弱的情誼，而是同學關係，你想想如果這個課程學費是十萬台幣，會花這十萬台幣的人是什麼人呢？不是有錢的老闆，就是熱愛學習的明日之星，你跟他們建立同學的關係，日後在商場上他們就是你的合作夥伴了。

上課學習本身雖然很重要，但是上課後面帶來的利益才是可觀的，不然那麼多企業家老闆去上 EMBA 幹嘛？他們其實主要都是想去做生意和交朋友的啊！老師出的作業，很多都是助理在寫的，我有一個朋友去大陸上商業模式的課程，要價 10 萬人民幣，我朋友還是借錢去上的課，學習回來後其實沒有什麼改變，但是他在課堂上認識了一位內地的土豪同學，那名土豪同學是賣豬飼料的，他的豬飼料有一些別人沒有的獨家配方，但是他只會用最傳統的通路去賣他的豬飼料，想不到用其他方式把他的產品推廣出去。而剛好他就和我朋友是同一組，他知道我朋友來自台灣，就請教他還有什麼方法可以提升產品的銷量，我朋友就說上網賣啊，於是結訓後不到一個月我朋友幫他架設一個網站，那網站還是免費的，內容寫的也很普通，但是那個網站卻讓他每年分紅將近一千萬，這就是去上課後可觀的收益，並不是來自課堂上的知識。

要知道自己的個性，是屬於「DISC」中的哪一個類型，DISC 人格測驗將人類的行為分成「支配型（Dominace）」，「影響型（Influcens）」，「穩健型（Steadiness）」，「分析型（Conscientiousness）」等四大種類，並透過結果來分析人的個性傾向！因為有些場合、角色、立場上你必須要戴上面具，去成為 DISC 人格特質的每一種人去適應這世界。因為每一個人最喜歡的都是自己，你先要認清自己有哪一些特長可以讓你經營人脈這部分，例如，你擅長料理，可以在家裡煮幾道好菜招待朋友；你有法律方面的知識，可以協助處理朋友在法律上的問題；你是開心果，每次活動聚會你總是可以帶來歡樂，都是你負責把場子炒熱；你有教育的背景，可以給有小孩的朋友在教育子女方面一些建議，這些就是你的特長，但是切記你的特長只要在旁邊協助給建議，如果朋友沒有主動要你幫忙你就採取被動，等到朋友請求幫忙你再出手，不然很容易會熱心過頭，反而會扣分。

 第三、參加社區或是學校的相關組織

一般大家目前住的都是以社區型的住宅為主，通常都設有管委會，這也是一個機會，我們可以爭取進入管委會體系，雖然管委會

大多是吃力不討好的工作，但是所有的經驗經歷都是有意義的，看你如何運用而已，在管委會裡其實你就可以光明正大地與鄰居互動，有正當理由進行社區服務，進而認識整個社區的鄰居，相信在這些的鄰居裡面，一定有不錯的人脈可以經營，當然也會有惡劣的鄰居，但是我們只要經營我們覺得好的人脈就好，重心放在那些對你有善意的人身上，不用太在意那些對你有敵意的人身上，不然你會過得很累。

至於那些沒有住在社區或是社區沒有管委會的人，我建議可以參加團體，任何社團都可以，例如我有一個朋友，她是賣保險的業務員，當初她也是覺得無聊就去參加救國團的課程，是有關手作小點心的料理課程，那一班也只有十五個人參加，但是她發現因為開班時間是在下午，誰會在平常日下午去學點心料理呢？答案是貴婦居多，結果她無心插柳，柳成蔭，最後陸陸續續談成好多的大單，這完全歸功於信賴感的建立，因為她們全部是同學相稱，也常常相約到彼此的家中練習，練習的產品就當作下午茶聊天的點心，所以彼此的感情都像家人，一旦感覺像家人，支持你的事業就變得理所當然地容易。參加任何團體其實都可以從中建立人脈圈，再慢慢往外擴展出去。

2 別讓恐懼限制了你

知識不夠可以透過學習，但是如果沒有膽識面對恐懼，我很難教你。馬雲說過：「成功不是先有錢，而是先有膽！」經營人脈也是一樣，沒有決心要有膽識很難在人脈圈裡打滾，如果沒有這樣的決心，那就放下這本書，不要浪費錢了！

我們先來談談恐懼感，我曾看過一段文字，其中對於恐懼感的定義，非常精簡也耐人尋味，這段文字是這麼寫的：「恐懼是一種企圖擺脫、逃避某種情景而又無能為力的情緒體驗。」這句話算是我看過對於恐懼這件事情，最棒的定義了，不要期待跟等待恐懼會自己消失，恐懼感它不會消失的，甚至減少的機會都沒有，你若是不面對面地與它對決的話，它只會日益壯大。我的經驗是，成功的人也會恐懼，不一樣的是他們會去練習面對恐懼，他們的心態是即使心裡害怕仍要前進，去戰勝恐懼，並獲得一次成功的經驗。戰勝的關鍵就在於不斷地練習，練習多了就會習慣。

馬克．吐溫說過：「我一直以來有成千上萬的恐懼，但是絕大部分都沒有發生過。」

一般人通常都在還沒有拜訪客戶之前，自己就會在心中上演小劇場，會有一堆的幻想，幻想客戶不在公司、客戶在開會、客戶不需要我的產品、客戶已經買了其他家的、客戶會拒絕見我、客戶會覺得太貴、客戶會趕我走……，自己都還沒有行動，真正走出去，我們的腦袋就幫我們想一堆的理由阻止我們去，腦袋的目的只是怕你被拒絕，被拒絕後怕你的玻璃心受傷，所以腦袋化身為八點檔的編劇，想各種的情節讓你打退堂鼓，這時候你只要跟大腦說：「謝謝你，我知道了。」然後起身去拜訪客戶，讓自己轉移目標，不要老是想被客戶拒絕怎麼辦？

相信大家在路上看過一個場景，就是一對情侶，女的貌美如花，但是男的卻是一個小混混，你不能理解為什麼那女生會選擇這樣的男生當男朋友呢？我們是科技新貴ㄟ，我們都沒有女友更別提美女。我們再把場景換到一間 PUB 裡面，吧檯邊坐著一位身姿曼妙猶如志玲姐姐的美女，獨自喝悶酒，這時候一旁的男士們，每一個都想過去搭訕，但是他們都沒有採取行動，因為他們的大腦都跟他們說你追不到的，別浪費時間、人家那麼漂亮一定有男朋友、你配不上人家的、不要去丟臉了、被拒絕是很丟臉的、還輪得到你嗎？以上種種虛擬的場景阻止每一個人上前搭訕的勇氣。

這時候一個手拿台灣啤酒，嘴ㄉ長壽菸，穿花襯衫配短褲的混混走上前，問一句：「美女給追嗎？」這時候美女轉過頭看了一下，說：「給追」，你會怎麼想？你會說這故事是唬爛的，並且要把這本書撕爛，且慢，撕爛要再買一本的，我會很開心，因為我要跟你討論的不是那女生的回答，我要跟你討論的是那混混怎麼有勇氣走過去搭訕，而你為什麼沒有勇氣過去搭訕呢？

原來我們一般人都會像故事中那這幾個男生心裡的小劇場一樣，但是那小混混卻沒有，他心裡想，問一句話而已，美女不答應的話，他也沒損失，因為本來就沒有的，又不會少一塊肉。但是，萬一美女答應了呢？於是這種穩賺不賠的事情當然要去做，這就是我們跟小混混的差別。

拜訪客戶也是一樣，請先預想客戶答應你的場景，並且放大，這樣你腦中那可惡的編劇就會離你遠一點。

我之前在網路上看過一個故事，講得句句到位，他的標題是「厚臉皮才是真強大！你要臉，所以你一無所有，你活該……」故事是這樣的——

（以下出處自網路文章）

李小姐是我新認識的妞，土黑圓長得跟芙蓉姐姐似的，自以為風情萬種。哪個男人她都敢追，哪個大咖她都敢去搭訕，花癡加二，時常鬧出笑話來。

在朋友圈中，她就是丑角兒，如同陳漢典在《康熙來了》的待遇，取笑和羞辱她，是大家固定的娛樂項目。

據說，每次朋友聚會，她都是絕對的焦點，即使她不在，80% 的話題也是談論她，因為她實在太奇葩，永遠能提供新鮮的話題。

比如她一會兒又閃婚了，一會兒又去大學演講了，一會兒又跟某名流夫人成閨蜜了……

你永遠不知道她下一秒能幹出什麼……你更不知道，在大家拿她當笑話的時候，她到底是自動屏蔽了這些負面消息，還是把這些當作善意的嫉妒了。

不管大家對她有多毒舌，她永遠都能活在自己仙境般的童話世界中，口頭禪常常是「長得像我這樣，穿什麼都好看」、「只有我甩男人，沒有男人甩我」、「客戶非要砸錢給我，我也沒辦法啊」……

敢吹牛的人，絕對有你想像不到的實力……你以為她是吹牛吧，人家還真的很牛。

她以前在報社當記者，後來辭職開了個顧問公司，去年才第三年，業務量就已經做到1300多萬，27歲的小姑娘，憑什麼啊？她說，今年準備做到3000萬，大家聽了這數字雖然都笑得不行，但內心都知道，她多半能做到。

厚臉皮，也是一種競爭力，她讓我想起一位學姊。

那位學姊五官標致、身材粗壯。身高158cm，體重66公斤，還特愛穿薄紗緊身小上衣加蕾絲超短裙，感覺胳膊和大腿隨時都能把衣料給撐破，讓人不忍直視。

她對自己的自我評價是：「我的長相啊，集中了林青霞和張曼玉的優點，所以我從小就是校花，追我的人太多了，我都不敢打扮得太嫵媚，怕更多男人愛上我。」那時候，我們都在心裡想：學姊啊，你沒穿情趣內衣出門，全球女性都該感謝你啊。背地裡笑她該吃藥了。事實證明，該吃藥的是我們…….

學姊讀研的時候，非要跟導師去臺北參加一個學術會議，導師是特溫柔敦厚的老先生，不好意思拒絕，就帶她去了。

然後，她搞定了一個臺大的教授，教授給學姊發了邀請函，邀請她去臺大研習一年。學姊去了臺北，認識了一名法國的教授，直接去法國一所大學訪問了一年。

難道…… 厚臉皮的人比較幸運 ？？

就在我們以為學姊要成功上位，成為法國教授的正牌夫人時，人家跟一個瑞士小帥哥談起了戀愛，在FB裡看到帥哥的照片，讓一票女生嫉妒得吐血。我們自我安慰，帥哥只是一時新鮮，很快會分手的。然而，他們結婚了，帥哥是「富二代」，學姊生了對混血雙胞胎。

學姊最近準備把歐洲一個高級家居品牌引進中國，最近發的微博照片，還是那五大三粗的身材，包在香奈兒的套裝裡，旁邊是一臉寵溺地看著她的帥哥老公。

哦，忘了說，她老公還小她八歲。看到這你一定會大問 ： 憑什麼啊！！？

因為自信，對任何事都不設限

因為盲目自信，所以她們勇往直前，對任何事都不設限。李小姐當財經記者的時候，再大咖的名流、企業家，其他資深記者都覺得搞不定的，自動放棄的，她都敢上去采訪並成功搞定。這種底氣來自哪裡？

一種發自內心的自信，就像人類在嬰兒期一樣，覺得自己是世界的主宰。李小姐常常說，不試試，怎麼知道不行？我那位學姊也一樣，據說她剛上大一，那時候其他同學覺得教授都是高高在上的存在，誰敢和教授聊天啊，但她就是敢。

下了課，別的同學飛奔去食堂打飯，她以提問為名義跑去跟教授聊天，甚至約教授一起去逛街。大家都驚呆了。學姊卻說：「為什麼不可以？教授也是人啊，他們也渴望跟年輕人打成一片啊。」

我們做一件事的時候，常常會想太多，設想了各種壞結果——

對方不喜歡我怎麼辦？

打擾了對方、麻煩了對方怎麼辦 ？ 對方拒絕我怎麼辦？

李小姐對此很不屑：被拒絕有什麼關係 ？

我又沒什麼損失。我找了 10 個人，有 8 個拒絕我，還有 2 個答應了，我就賺到了啊。

因為目標明確

因為目標明確所以他們根本不在乎別人的看法，執行力超強，總能達到目的。

跟李小姐吃飯那晚，表面上，她滿嘴跑火車，說了各種各樣稀奇古怪的話，但是如果你稍微整理，就會發現，其實她相當有邏輯。

她所有的奇葩言論，都圍繞三個主題：首先，她很牛，她的公司也很牛，搞定了很多大客戶，為什麼要說這個呢？

因為在場有一個外企副總，是她的潛在客戶，她要說明自己的實力;其次，她半開玩笑地跟該副總介紹自己的業務，說自己能幫對方做到什麼，勸對方和她簽約，副總沒當回事，她也不介意；最牛的是，她看似閒聊地套出副總的信息，得知副總和自己以前的報社上司是大學同學，同一宿舍，當場就打了電話給報社上司，約好了週末一起喝茶，有了這層關係，副總基本上被她吃得死死的……

只專注於自己在乎的事

李小姐永遠不會在乎別人怎麼笑她，她只在乎她想做的事能不能做到。

這也是我學姊的強項，當年她就靠跟教授和導師搞好關係，獲得了保送名額，她同學攻擊她不要臉，她毫不在意，說：「對，我不要臉，所以我得到了我想要的。你要臉，所以你一無所有，你活該。要嘛學我，要嘛繼續裝清高，罵我有屁用。」

我想說的是，那些盲目自信、臉皮厚的人，才是真正內心強大的人，他們不在乎別人，也放得下自己。 在這個世界，最後能得到自己想要的，就是當初被當作笑話的他們。

這樣看來面子好像不是那麼重要了。

李嘉誠說過這麼一段話：「當你放下面子賺錢的時候，說明你已經懂事了。當你用錢賺回面子的時候，說明你已經成功了。當你用面子賺錢的時候，說明你已經是人物了。當你還停留在那裡喝酒、吹牛，啥也不懂 還裝懂，只愛面子的時候，說明你這輩子就這樣而已！」

跟獅子會 1516 財務長黃仁聰學習上台主持。

要內心堅定、專注於重要的事，你也能成為「實力強大」的人喔！

3 知道對方想要什麼

任何的合作講求的都是雙贏，其實人和人之間的友誼是建立在利益交換上，或許你會感慨地說「感覺好現實」，其實我覺得不然，因為人和人之間的相處本來就是互利的，夫妻情侶在一起本來就要比還沒有在一起前快樂，如果兩在一起比自己一個人還不開心，那就不如自己一個人生活，所有的人在交往的過程中都重視甚至偏愛「公平交換」，對一般人來說，不公平的交換，等同於「搶」，沒有人喜歡「被搶」的感覺。

某種意義上，儘管絕大多數人不願意承認，他們所謂的「友誼」實際上只不過是「交換利益」，可是，如果自己擁有的資源不夠多、不夠好，就更可能變成「索取方」，做不到「公平交換」，最終成為對方的負擔，這時候，友誼就會慢慢無疾而終。所以可以想像，資源多的人更喜歡與另外一個資源數量同樣多，或者資源品質對等的人進行交換，因為在這種情況下，「公平交易」比較容易產生，所以當你想要維持良好長久的人脈，一定要在互惠平等的基礎上建立。

進階的人脈經營一定要先想到你能幫對方帶來什麼好處，好處還包括無形的，例如快樂、安全、興奮等等，當你都站在朋友的立場想的時候，你的人際關係一定會變好。你要知道對方重視的是什麼，你自己所想的未必是對方所想，要做到把對方所想當作是自己所想的地步，有時候我們認為這樣做是對方想要的，沒想到對方非但不領情還不高興，因為那是你用自己的喜好想法揣測出你認為對方想要的，但事實並不是你想的那樣。

那要如何才能知道對方想要的是什麼呢？以下提供幾個方法：

直接詢問

不要想太多，請直接詢問對方的想法，當然有時候要有技巧性地詢問，私密的話題例如薪水、性相關比較私密的……如果你們之間交情不夠熟就別問了。

讚美

卡內基在 1921 年以 100 萬美元的超高年薪聘請夏布（Schwab）出任 CEO。許多記者問卡內基為什麼是他？卡內基說：「他最會讚美別人，這是他最值錢的本事。」卡內基為自己寫的墓誌銘是這樣的：「這裡躺著一個人，他懂得如何讓比他聰明的人更開心。」可見，讚美在人脈經營中至關重要。如果你是一名上班族，在公司內部，要珍惜與上司、老闆、同事單獨相處的機會，比如陪同上司開會、出差等，這是上天賜予的強化人脈的絕佳良機，千萬不能錯過，做好充分的準備，適當表現。

讚美也是一個可以知道對方真實情況很棒的方法，例如你想要讓對方一起參加某個活動，但是這活動費用不便宜，若是直接詢問可能對方礙於面子會尷尬，你可以這樣說：「王先生您在外商公司上班，應該常常參加這種活動吧！像我很少參加這類的活動，不知道這樣的費用算便宜還是貴？」你這樣問讓對方有前進和後退的空間，而且是透過讚美來獲得你要的資訊，而且讚美所回饋的資訊通常真實性很高，所以讚美這方法可以多多使用。

觀察

觀察這是要訓練的，透過簡單的觀察可以了解對方的一些資訊，再利用拼圖和交叉比對其實也不難，最簡單的可以從外觀、飲食、對方的朋友觀察起，例如他跟朋友說話方式是屬於急性子還是慢郎中等等，都可以慢慢拼湊起來。不過這樣的資訊過於零散，建議從你要了解的部分去觀察收集，這樣會比較精準，例如想請他吃飯，卻不知道他喜歡吃什麼？你就可以先搜尋他的 FB，上去看看他都曾去哪些餐廳吃飯、打卡、偏愛哪些料理，從中或許可以得到一些訊息，只要有心很多訊息都是可以解讀的。

問第三者

如果你們有共同的朋友，當然可以先詢問第三者，就他所知道的先蒐集，但是不能就以第三者提供的資訊當作 100% 正確的資料，這只是大方向而已，你還要找機會拿其中幾個訊息找當事人旁敲側擊，在聊天時候當作話題詢問當事人，藉以判斷第三者提供資訊的準確度如何，你也可以多詢問幾位相關的第三者，透過交叉比對選出多數有志一同的選項。

4 聚焦，不需討好每個人

你要明白就算你討好每一個人，也不可能每一個人都喜歡你的這個事實，相信你也一定有莫明其妙討厭某些人的特徵或是特質，例如討厭短頭髮的女生、看不慣長髮的男生、討厭肌肉男，反正什麼樣的樣式都一定有人會討厭，所以請不要試著去討好每一個人，第一太累，第二沒必要，第三討好每一個人，你將會一事無成，請聚焦在對你的付出有善意回應的人，越大的越好的回應你就應該最優先處理，但是我們往往相反，都把心力花費在解決那些對我們吹毛求疵的人身上，請把焦點拉回到那些對你的付出有善意回應的朋友身上。

而且你如果想討好每個人，反而離成功更遠，你表現越好，就越有可能招惹別人的批評，我們身邊總是有一些人會冷言冷語批評我們正在做的事，這些人就是愛雞蛋裡挑骨頭，其實不論你做了什麼，總是會惹惱某個人，其實你不用太在意，因為這世界上有很多比你去在意少數人的感受更重要的事，成功人士有時候會讓人討厭的原因之一在於，他們深刻明白世界上還有比在意少數他人感受更重要的事。

我們從小被教育成要當一個好人，好的人會時時刻刻注意哪些是讓人不開心的事，然後盡量避免那些事情發生，如果你對他人情緒妥協，可能就會令你綁手綁腳、甚至一事無成。我的意思並不是說當個不在意他人感受的人一定會成功，而是你要知道當你的影響力越大，可能懂你的人就會越來越少，只要你影響的人數到達一定數目，你所做的行為或是言論都極有可能在非常短的時間被散播開來，或是被刻意曲解。

我曾親眼見證曲解的可怕。

有一次活動，同事們在搬運準備給來賓們喝的水，因為水比較重，所以主管請一位同仁去叫另一位身材比較壯碩的同仁來幫忙搬。因為那位同仁最近業績比較差，那個傳達的同事就跟他說，因為你業績不好所以經理要你負責搬水，那位壯碩的同仁一聽臉色立即其差無比，我趕緊上前說明真實的情形，但是言語如同一把鋒利的劍，一旦插進去再拔出來修補，還是會痛、會有疤痕的，有些人就是見不得別人好，所以會搬弄是非讓人產生誤解。

當然，你要能避免所有的誤解發生：只要不是涉及利害相關的事，也許當「YES 先生」，幫忙做些小事，可以減少不少麻煩，但在這個個性化的時代，一個毫無個性的人，不可能脫穎而出。如果真的想當一只捕捉人們聽覺的雲雀，你不能和所有的麻雀發出同樣的叫聲，人人都有立場，有時立場是對立的，企圖討好兩種不同的立場的人，終究會被兩方驅逐出境，就是俗話所說的「豬八戒照鏡子，裡外不是人」。不管別人喜不喜歡你，每個人都有自己喜歡或不喜歡的人，不要想討好每個人。但是，如果你身邊的人都不喜歡你，請先檢討一下你自己，可能是你的個性有問題，待人處世不夠得體。

加入全豐盛大家庭，擁有更多人脈。

我們都知道一個很簡單的

道理，就是你要領錢的話你就得先存錢，但是錢存在哪邊就很重要了，假設你的錢是存在銀行，你不用擔心錢會不見，銀行就像那些對你有善意的人，你對他好他們會放在心上，該回報你的時候會多回報你一些，一樣的付出得到不同的結果，那我們當然要選擇CP值高的人去付出。如今的社會上充滿了許多的酸民，別想辦法去改變他們，你只需要離開他們就好，現在，就聚焦在那些對你好的人身上吧。

5 善待身邊的每一個人

這世界看似很大，但是有時候還挺小的，這是一個發生在我身上的真實故事。我以前從事業務工作時，有一次到新竹科學園區拜訪客戶，因為新竹科學園區的停車位一位難求，所以車與車前後都停得很近，就當我在路上找尋停車位時，一台我正前方的車子正準備要停進路邊的停車格，因為是單行道也沒辦法超越，只能先等前面的車停好我才能繼續往前開，但是似乎我前面那輛車的駕駛技術不是很好，一下往前，一下往後，遲遲停不進去，我看到駕駛是位女生，雖然我也趕時間但我還是耐住性子等，但是我後面的車主就不耐煩了，瘋狂地按喇叭示意那台車停快一點，甚至還下車朝那台車叫囂，內容大概就是說女生開車就是這樣，不會開車就不要開之類的，那女生因為這樣更顯慌張，於是我就下車走到前面那輛車旁，女駕駛很緊張地搖下車窗連忙道歉，說：「附近停車位不好找，我有會議要開始了，所以沒時間再去找其他車位，不好意思請再等一下」，我跟她解釋說：「我沒有怪妳的意思，我走過來只是想我可以幫妳停車」，最後她的車是由我幫她停好的，她連忙道謝後就匆匆離開了。

至於我後面的那台車在我下車後就倒車離開了，我也趕緊找好車位，停好車前往客戶公司準備做簡報，進到客戶公司大廳後竟然看到熟悉的面孔，那不是剛剛在我後面很兇的男生嗎？旁邊還帶一名女生，應該是他的助理，他正在櫃台辦理訪客登記，他之後我也進入客戶公司裡等待會議開始，走進會議室後我才知道他是我的競爭對手，客戶這邊安排我們兩間供應商來這邊互相廝殺，價低者得標的意思，更妙的是會議桌上除了有兩位單位的主管，還有一位之前在接洽時候從沒有出現的採購部經理，因為這是最後一次決定的會議，客戶的公司希望這次就搞定，所以派出最高階主管出席，而那個採購部經理不就是那位停車停不進去的女生，這時候我看到那競爭對手的臉色似乎也發現了，但是他還是很鎮定地裝作不知道，那女主管也很 Nice 地沒有說出剛剛的狀況。不過事後我發現女生是不可以得罪的。當然那個案子是我得標，這點我不意外，因為原本我們的勝算就比較高，意外的是之後所有相關的產品都是由我獨家提供，而且我直接面對的採購主管就是那名女生，那個競爭對手之前在那間公司的產品，也都一一換成我公司的產品，之後我跟那女主管比較熟後，她才將當初的怨氣一一說出，原來我也只是她報復的工具，她把訂單都給我只是為了要報復那個叫囂男，害我以為是我開車技術好、人又長得帥才給我訂單，之後得知那叫囂男離職後，我的生意也就沒有那麼順利了，可能是我的被利用價值沒有了吧。

電視上也常常看到女方要介紹父母給男方認識，男生在前往女方家的路途中碰到了一些鳥事，跟路人衝突了起來，最後因為趕時間就匆匆離開，到女方家裡後才發現剛剛的路人竟然是女友的爸爸，這種灑狗血的劇情太多了，代表這種事情還蠻常發生的，所以請善待你遇見的每一個人，因為你不知道他後台有多硬，對你會有什麼影響。

還有一件事情發生在我朋友阿峰的身上，當時我們還在讀大學，有一次阿峰參加一個單身的聯誼，他被分配到用摩托車載一名女生小玲前往烤肉的地點，因為那女生小玲長得不是很好看，加上又有點胖胖的，一路上就看到我那朋友阿峰的臉很臭，而且很直接地批評小玲的身材與長相，當然回程阿峰也拒載小玲，硬要叫另一名男生載小玲。

後來事情過了一個多月，有一天系上來了一位美女小美，剛好分配到跟我和阿峰同一組，因為要分組討論並交報告，所以下課後很多時間和機會可以約小美出去討論報告，阿峰當然要趁這機會假公濟私約那小美出來討論，因為小美要負責收集和整理資料，阿峰則是負責上台報告，所以他們相約一起做報告，就在有一次阿峰穿著帥氣的衣服，又假公濟私約可愛美麗的小美到氣氛不錯的咖啡店討論時，竟然看見當初胖胖的小玲黏在小美的身邊，而且還手拉著手進咖啡廳，小玲看見咖啡廳的阿峰之後，就酸溜溜地說：「是你啊？我還以為是哪個帥哥呢？」在那次討論之後阿峰再約小美就約不出來了，這故事告訴我們，胖胖女或是不好看女都有美女的閨蜜，所以善待你身邊的每一個人，他或許是你的貴人。

感恩我生命中的貴人古欽仁先生。

6 不招人忌是庸才；人不避忌是蠢材

有一句古諺說：「人怕出名，豬怕肥」，如果你是老闆眼中的「當紅炸子雞」，那可能很快就會被周遭的同事所嫉妒，我想從人性的角度來看，這是無可避免的現象，而人在職場除了要展現能力之外，也要學會降低別人對自己的嫉妒，這算是人生必修的重要學分。

我有一位好友在公司短短一年時間，因為快速完成公司交辦給他的業務工作，並且拿下整個團隊第一名的成績，被老闆快速提拔與晉升，但沒多久很多的流言蜚語就開始出現在辦公室，甚至也有人在他上司面前給他「穿小鞋」。有一天他心情沮喪地跑來跟我聊天與訴苦，我聽完之後就先道賀他，朋友不解地問我：「我已經這麼慘了，你卻還這麼幸災樂禍」，我當時回答說：「有一句名言叫做『人不遭忌是庸才』，代表你是個非常有能力的人，因此才會有人會嫉妒你啊」，我舉個簡單的例子，我問他全亞洲最紅的歌星是誰，他回答周杰倫，我說沒錯，但是被罵得最兇的也是周杰倫，我跟他說當初周杰倫跟侯佩岑在一起的時候，我也加入反周杰倫的粉絲團，朋友聽完之後才稍稍有些氣消地點點頭，我接著跟他說：「只是你並沒做好佈局來降低別人的強烈嫉妒心」。

其實像我朋友這樣狀況的人，在職場上可說「屢見不鮮」，人性本來就會有喜、怒、哀、樂、羨慕、嫉妒、自私，如果人沒有這樣的情境與心理，我想這就不是人了，當我們看到別人比我們還好，通常都會先難過與沮喪，然後開始羨慕或是嫉妒，如果這時候因為自己沒有做好人際關係或是佈局，可能嫉妒自己的人會越來越多，而且因為嫉妒對自己所造成的傷害，也會加重且加深，所以我給朋友最後的建議是「人不遭忌是庸才；人不避忌是蠢材」。

在職場上因為競爭激烈，往往在不自覺中，會有很多的「敵人」出現在身邊，雖然有些敵人是絕對會有的，但是，有些敵人卻是因為自己做人處事不當而產生的，這其實是可以避免掉的。

宋朝名詩人蘇軾曾寫過「人生到處知何似，恰如飛鴻踏雪泥，泥上偶然留指爪，鴻飛哪復計東西」，就是要我們瞭解人生猶如驚鴻一瞥，來去匆匆，誰也無法預知未來，所以要能活在當下，職場就像那個廣大無限舞台，如何能夠讓自己如輕鴻般，可以來去自如，而不能讓自己侷限於泥沼中，開心地活躍於亮麗的職場上，就是我們每個人所要學習的課題。在職場上成功的人的確是容易被「嫉妒」與「眼紅」的，如果人要像美麗飛鴻般可以到處展現自我，「趨吉避凶」的工夫與廣結人脈的藝術，確實是多花些心力的。

不過，我所謂的避免製造敵人，並不是說要讓自己成為濫好人，或者是內心全無原則的意思，就如前面所說，有些敵人是不可避免，畢竟職場上還是有很多小人，只為自己著想與打算，必要時我們還是得聯合其他有識之士來對抗，重點是自己要有能耐來培養人脈與廣結善緣，這樣才不會當這些人在自己背後放冷箭的時候，沒人會出手相助，所以，如果說自己在組織內都沒幾位可以幫忙的好朋友，不管你的能力有多強，其實都暗藏波濤洶湧的危機。

《被討厭的勇氣》一書給了我許多的啟示，之前公司尾牙時，有請那種專門帶活動的主持人熱場，還有幾名穿著清涼的舞群，在餐會進行到一半的時候，氣氛越來越 high，台上那些辣妹唱歌跳舞，主持人開始從台下拉人上舞台跳舞，大部分人都不敢上去，我是很想站上去，可是我怕其他人會笑我，因為我不會跳舞只會在上面扭來扭去，但是後來我還是鼓起勇氣上台，站上去之後我發現了一個現象，就是當你從台上往下看，你會看見台下的人幾乎都沒有在看你，因為每一個人都忙著在交際應酬，彼此聊天敬酒，幾乎沒什麼人的目光停留在舞台上，那時我才發現我們常常高估了人們對我們的注意力，就算有少數的人在看你，他們看你的眼光也不是以一種你好怪或是你跳得很爛的眼光看著你，而是帶著笑容覺得你好勇敢、好開心的那種眼光，他們看我的眼神並非是我一開始想像的那種負面的審視，那次的上台經驗讓我明白，原來是我們自己創造了心中可怕的惡魔。

暢銷書《被討厭的勇氣》被很多人討論著。人們常常沒有辦法做決定，很重要的原因就是之前我提到的——害怕其他人對我們的評價，尤其是負面的評價，講白了就是害怕人家討厭我們，害怕別人不支持我們，從剛剛我的故事裡，我發現每個人都忙著過好自己的生活，其實沒有什麼人會在意你在幹嘛。就像那次尾牙餐會上的眾人，他們只在意餐桌上面討論的話題而已，或是延續上班的話題，根本沒有人在意你在舞台上面的表現。

第二個部分就是這本書中提到的，害怕被別人討厭，但是你知道嗎？別人會討厭我們，往往出自於別人跟我們不一樣，甚至於你會發現是因為他們覺得我們比他們有勇氣，比他們有能力，比他們運氣好如此而已，但是他們無法面對這個現實，無法接受我們比他們優秀的這個事實，所以很簡單就用一個「我討厭你」這樣態度來面對我們。這是因為他們用這樣態度來面對我們的時候，就不用去面對那個自己不夠優秀的這個現實，所以被討厭是一件好的事情，因為你被討厭代表了你比那些人還要優秀的事實。

你想想看你的日常生活中，當一個人做事情不成功的時候，基本上你不會討厭他，你會討厭他一定是他做了某些會影響你的事情，你才會討厭他，當一個人有足夠的影響力，他才會被其他人討厭。也就是說當一個人有足夠的影響力，但是他的想法跟我的想法不一樣，我才會去講他的是非，或是我才會討厭他，所以反過來說，當我們被人家討厭的時候，其實不就是證明你是有想法、你是有影響力的。因此，被討厭這件事情本身就應該讓你帶來許多的勇氣，因為被討厭代表你是有想法、有影響力的人，不要懼怕其他人對我們閒言閒語，或是害怕其他人討厭我們，因為這個只是證明你的能力是強的。

我們的人生我們自己才能控制，我們的人生也只有我們自己才需要負責，你要學會被討厭的勇氣、接受你自己的卓越。

無欲則剛、檢討自我

你主動出擊所結交的人脈，不可能每一個人都會成為你的朋友，有一個叫做比例原則，意思是你主動去認識 10 個人或許只有 1 個人會成為你的人脈，若照這個比例原則把量放大，如果 10 個人當中會有 1 個人，那麼努力去結識 100 個人，就會有 10 個人變成你的人脈，1000 個人就有 100 個人……，我們只要不斷地主動出擊結交人脈，會有兩個情況發生：

- 第一，比例原則會往上提升，因為你的技巧會在不斷行動中進步，比例會從 1/10 升高，或許到 2/10 之後可能到 5/10。
- 第二，量一旦多了起來，自然人脈就會變多，所以其實不用太在意成交的比例，因為一旦量一直增加，比例一定會提高的，只是時間上的問題，反而要在意的是量的問題。

感恩很照顧我的乾媽吳淑梅。

法國億而富（Total Fina Elf）機油前總裁，每年都會給自己訂下目標，要與一千個人交換名片，並跟其中的兩百個人保持聯絡，跟其中的五十個人成為朋友，這個策略就是大數法則的應用。

你可能不知道，其實貴人就在身邊，關鍵是要有經營人脈資源的意識，用心尋找，用心經營。要想在商場上取得成功，一定要先擁有好人緣。

別太在意結果

那些超級業務或是培訓老師，他們在成交的時候不會因為沒人買或是很多人買，而影響到他們的心理狀態，我本身也上過很多大師的課程，最後在課程的尾聲，他們都會推廣後續課程，所以有時候也會碰上沒有什麼人購買進階課程的情形。我曾經私底下問過那些老師，問說若都沒有人買課程他們心裡怎麼想，老師說沒有人買就繼續賣啊！

他們根本不會覺得賣不出去是個問題，反正就是繼續推銷直到有人購買，反之我看到有時候課程是用秒殺賣出，學員要求再增加名額或是加開一班，這種爆滿的情況如果是出現在我的課程上，我一定會嘴角露出神秘的笑容，並且心中吶喊 yes ！！反觀這些老師並不會因為報名的學生爆滿而覺得很開心，而是覺得很平常，覺得沒有什麼，這時候他們反而在想怎麼做可以吸引更多的人，而不是受到當下的氣氛影響。

我們有的時候太在意結果反而會失去行動的勇氣，其實只要抱著有行動就是進步的念頭，不斷地行動不要去想結果，當你不在意結果的時候，很多挫折是打不倒你的，因為你原本就沒有，如果一旦有成績出現，那也不過是行動產生的收穫罷了！

當目標達到預期的結果可以開心，但是只要開心一下下就好了，我們如果能做到不讓結果來左右我們的情緒，不會一被拒絕就有負面情緒，而不再行動下去，也不會成績很好就想休息一下，明天或下個月再繼續努力，這是不可取的。不管結果如何都不能讓行動有任何改變，該一天拜訪五位客戶就確實落實拜訪五位，不會因為第一位客戶拒絕你，你就不去拜訪或是拖延拜訪或是害怕拜訪下一位客戶，如果能確實做到無欲則剛的境界，你就能做到讓行動控制一切。

我們碰到困難挫折或是失敗時，是否曾手指著別人說：「都是你害的……都是你……」，殊不知你一隻手指頭指向別人，其餘四根手指是指向自己。請記住，在你的人生中，發生的任何的事情，一定有它的意義，並且對你所幫助，任何的事物都有兩面以上的看法，取決於你用什麼角度去看這件事情，如果你是很負面地看待它，那這件事帶給你的就是壞處，如果你正面看待這件事的發展，它帶給你的或許是一個好的回憶或經驗。

網路上有一則故事：因為大寶、二寶、小寶三兄弟的媽媽常常被爸爸打得很慘，大寶就想說：「媽媽好可憐，以後還是不要結婚好了！」；二寶想的是：「爸爸都可以打媽媽，以後我也要打我老婆。」；小寶心裡想的是：「媽媽每天都被打，以後我一定要好好愛護我老婆。」一個家庭，一件爸爸打媽媽的家暴事件，卻有三種不同的想法，以後會有不同的家庭結果出現。所以，我們碰到任何問題首先應該要當一種人——就是不抱怨，而且自我檢討的人，因為事情都發生了，抱怨也沒有用，只有先自省，檢討得失，這樣將來才不會重複發生一樣的問題或錯誤，請做個隨時自我檢討的人，因為改變自己，永遠比改變他人來得快。

8 捨得、讓利，懂得放水養魚

我們在人際關係中通常是最愛計較的人最吃虧，因為每一個人都不喜歡吃虧，一旦你碰到願意先吃虧的人，你一定很樂意跟他交往，甚至合作事業等等，這道理雖然簡單，卻很少人做到，因為眼前利是很誘人的。

我認識一個朋友他就能將「讓利」、「捨得」這兩部分發揮得很徹底，他是開鎖店的老師傅，附近的大樓只要有住戶鑰匙不見，需要鎖匠來開鎖，通常警衛室都會通知他去開鎖或是裝鎖，其他的業者很難打進這些社區的市場。原來我朋友每次去新的大樓開鎖或是裝鎖都會給警衛一些介紹費，也就是說只要有人要開鎖，請警衛幫忙打電話叫開鎖的，警衛都是優先找我朋友，開一副鎖我朋友會給警衛 50 元，兩副鎖給 100 元，要是換新的鎖則給警衛 100 元，這樣其他鎖行來這社區貼廣告，通常在第一時間就被警衛撕掉了。也因此他的生意才能越做越大，所以凡事先讓利你才有機會得到後面的大利。

人際關係經營也是一樣，偶而吃點虧沒有麼大不了。許多人都只想追求最大化的利益，沒有想到情義長久化。很多人怕吃虧，斤斤計較各種利益，遇到一點困難掉頭就跑，這樣如何贏得友誼，人際關係自然不好。

吃虧就是福

不怕吃虧，平等對待各種人和事，只有肯吃小虧，才能贏得良好的人際關係；廣積人情，才會收穫別人的信賴和幫助，才能把事業做大。其實，無論虧大虧小，該吃就得吃，人情在了，以後回報才會有。主動付出，看似吃虧，實為得福。「紅頂商人」胡雪巖，原本是一家店鋪的小夥計，經過打拚，成為江浙一帶的商人。雖然只是一個小商人，但是他善於經營，做人更是沒話說，一點小小的恩惠便可以將周圍的人聚集起來，為他出力。胡雪巖對小打小鬧的小生意當然不滿足，因為他想做大事業。他的志向高遠，他想像大商人呂不韋從商場到官場，名利雙收。

當時一個不起眼的杭州小官王有齡，有向上爬的志向，卻沒有錢，而當時金錢是升職的敲門磚。胡雪巖在與王有齡交往中，發現他倆目標相同，可以說是殊途同歸。王有齡對胡雪巖說：「雪巖兄，我也不是沒有門路，只是囊中羞澀，沒有錢想升職是行不通的。」胡雪巖堅定地說：「我願傾家蕩產，助你一臂之力。」王有齡說：「我富貴了，一定報答你。」

於是胡雪巖變賣了自己的部分家產，積攢了幾千兩銀子給王有齡。王有齡去京師求官，胡雪巖則仍操舊業，並不在乎別人笑他傻。

幾年後，王有齡官至巡撫，親自登門拜訪胡雪巖，並問他有什麼可以報答的，胡雪巖說：「祝賀你福星高照，我並無困難。」

但是，王有齡非常重情義，當年胡雪巖雪中送炭，他始終銘記在心。於是，他利用職務之便，特別照顧胡雪巖的生意，胡雪巖的生意自然是越做越好、越做越大，他也更加看重與王有齡的情誼。

其不在意吃虧的心態，才使得胡雪巖的事業迅速發展、壯大起來，可以說是吉星高照，後來被左宗棠舉薦為二品大員，成為清朝歷史上唯一的「紅頂商人」。俗話說，「吃虧是福」，只有聰明人才懂得其中的玄機。吃虧不重要，重要的是贏得了人情。以吃虧來交友，以吃虧來得利，是非常高明且有遠見的人才會有的處事原則。

中國人看重人情，你吃虧不要緊，因為你成了施與者，他人就是受者。儘管從表面上來說，你吃虧了，他人獲益了，然而，在友情、情感的天平上，你有了非常有份量籌碼，這是多少金錢都很難買來的。

良好的人際關係不僅能使一個人和諧地融入群體，極大地拓展自己的知識和能力，而且是與他人合作、實現互惠互利夥伴關係的基礎。為了使自己成功，就需要別人幫助，所以，締造良好的人際關係可以奠定良好的職場發展空間，這一點絕對不容忽視。

總之，吃虧能廣蓄人情，建立起自己的人脈。一個能吃得了虧的人，在他人眼中是豁達、忠厚的人，比起金錢更加可貴，能夠讓他人心甘情願地幫助你，只有懂得吃虧才能贏得他人信任，為你辦事。

良好的人際關係是開啟成功之門的金鑰匙。所有的成功人士都懂得如何有效地與別人打交道，締造良好的人際關係。

9 專業知識是你的標準配備

本書的重點雖然是說成交的要素取決於：將 80% 時間用在信賴感的建立，20% 才是發揮你的專業技巧，所以專業度也佔了 20%，專業在銷售上是絕對必要的，因為再熟的朋友把錢交給你，你把產品交給他的時候，如果你讓他感覺你不夠專業，他也不會想找你買，日後也不會再考慮你、他會後悔、更不會幫你轉介紹、你們的關係會因此倒退。

我自己就曾有一次失敗的經驗，那時候我剛做保險，朋友的老婆剛生小孩也正好需要買保險，自然就想到了我，因為和他們夫妻倆交情熟，所以他們放心把一切交給我規劃，我說多少錢他們都沒有懷疑過，也沒有跟其他保險公司比較過，直到有次需要理賠的時候，我發現我當初漏規劃到其中一個部分，導致理賠的保費很少，他們夫妻倆也沒有為難我，就是想再多了解我規劃的保單，於是約了我去他家諮詢保單的理賠相關細項，因為我也沒有多了解醫療險，我只是想賣儲蓄險，醫療險都是順便賣的而已，根本不太懂理賠的部分，於是他們夫妻倆問我的問題，我是一問三不知，只能尷尬地微笑，然後拿起電話找其他同事求救，那一天我在他們家待了兩個多小時，卻感覺待了漫長的一整天。

那天回去我立即加強醫療險的相關知識，內心期待他們趕快再找我諮詢，好扭轉我的專業形象。但是從那次之後他們都沒有找我問保險問題了，我以為是他們都沒問題，後來，我才從另一個朋友口中得知，他們夫妻倆有請其他同業幫忙解釋我賣的保單內容，當時的我很羞愧，當初只認為賣出保單的我好厲害，不會像其他同事一樣，客戶的反對問題很多，我反而是沒有遇上什麼刁難，原來不是這樣。後來甚至我那朋友老婆的妹妹生小孩，保單就找那個幫忙解釋的同業購買，如果當初我具備專業的知識，我相信朋友妹妹的保單也一定是我的，所以成交的條件裡面，專業度是必須的，是不能有折扣的。

大部分人無法獲得自己想要東西的原因
→就是他們不知道為什麼想要這些東西

文字及想像是有力量的，宇宙會幫助你得到你想的，你想要的理由越多，得到的貴人幫助越多，並且越能支撐你想要的信念，世界潛能大師安東尼·羅賓說：「要有足夠的原因來支持你的信念，才能深植你的潛意識」，人際關係上巨大成就猶如一顆大石頭，你的每一個理由就如同一隻桌腳，當然撐起石頭最少只需要三隻桌腳，但是越多的桌腳去支撐你人際關係上巨大成就的石頭，這石頭將會更穩固，所以請寫下能支持你擁有人際關係上巨大的成就的理由：

· 理由 01 ______

· 理由 02 ______

· 理由 03 ______

· 理由 04 ______

· 理由 05 ______

· 理由 06 ______

· 理由 07 ______

· 理由 08 ______

· 理由 09 ______

· 理由 10 ______

Chapter 2

在關係中找關係，有關係就有生意

別人為什麼想要跟你發生關係

一沒本事，二不努力，別那麼急著建立人脈。

請記住：比你厲害很多的人，一般都沒時間鳥你，「人脈就是錢脈」這個詞，不知道是幾時、是誰發明出來的，但我覺得是這詞誤導了很多年輕人，許多人年紀輕輕，一沒本事，二不努力，就開始急著建立人脈了，好像人脈圈一旦成形，就天下無敵了。在他們的認知裡，似乎只要別人一收他的名片，普天之下就都是他的好友了。你是否也常聽到身邊的親朋一臉得意地說出類似這樣的話：「你知道不，那個誰誰誰，陳董！是我朋友！」、「什麼？你不信？你看看我 LINE 好友名單裡，就是有他」、「跟他也很熟，經常在臉書互動。」

有名片、有加對方的LINE和FB，就算人脈嗎？

他所說的互動，就是在陳董發表的文章按個讚，留言一下而已，至於這 LINE 和 FB 臉書怎麼來的呢？可能是他去參加講座時正巧坐在陳董隔壁，他主動向陳董要求加 LINE 和臉書，對方不好意思拒絕就加了，或是台上的講師在台下合照的時候被拱要加好友，如此半推半就加入對方的 LINE 和臉書，然後呢？然後就沒有然後了。

對普通人來說其實是這樣的，行業頂尖的專家名人，他們的 LINE 和臉書加或不加其實沒有多大區別，只是能看到其動態而已，你若是給他們訊息，基本上他們是不會回的，因為給專家名人發消息的人很多，他們精力有限，自己也有很多事情要做，其次，他們的時間很寶貴，通常不會用這時間和你聊天，如果專家名人真的經常回覆你，有三種可能：

1、你本身也是個名人，在行業金字塔裡處在中上層的位置；

2、你長得夠美、夠帥，他可能喜歡你，所以才願意花時間在你身上；

3、你有他要的資源。

世上的人那麼多為什麼要跟你發生關係，你有什麼資源、特質、能力可以吸引別人想要靠近你，不管你說社會現實也罷，冷漠也罷，現實就是，人都是跟自己能力、財富、資源相當的人來往，自古以來都是窮人跟窮人玩在一起，富人跟富人玩在一起，官商勾結，權錢交易就是很明顯的例子。官為什麼要跟商勾結呢？因為各自都有對方所需的東西，互相交換，就有了自己想要的東西，你聽過當官的跟乞丐勾結的嗎？當然，官商勾結是違法的，可是至少說明了一個道理，存在即合理，男女結婚也是一樣，各取所需，總得圖點什麼，你要是沒有我想要的東西，還不如我自己一個人過一輩子呢？平等的交換才是這個世界的生存法則。

如果將人際交往的過程，比喻成商業上買賣的行為，你就是商品，你要怎麼把自己賣出去，讓你想要認識的人脈來認識你，這時候你就要了解你的客戶要的是什麼？你有什麼是別人會想要來認識你的特點，例如，就像有人要買手機，手機的品牌有上百種，每一個人要買的不同，因為每個人需求的點不一樣。先前日本東京 Sony Mobile 總部負責東北亞市場的資深副總裁高垣浩一（Hirokazu

Takagaki）簡報了日本市場手機用戶的差異，在高階手機市場中，蘋果 iPhone 手機為何比 Google Android 手機受歡迎的原因。

答案就是：「簡單」，在高階手機市場裡，許多 Android 旗艦手機的功能都比 iPhone 強大，價格也比 iPhone 便宜，賣得比 iPhone 差實在是沒有理由，但是這些 Android 旗艦機都做得太「難」了，對於平常沒有研究手機，或是時常關注手機的消費者，買了一台 Android 旗艦機，往往要花上 2 ～ 3 天才能瞭解全部功能，相較來說，蘋果 iPhone 的介面進入門檻相對較低，在 Sony 的簡報內表示：iPhone 是適合任何人「Anyone」使用，也就是說任何人拿到 iPhone，就可以很快速地開始使用它，無形中增加了 iPhone 的吸引力，此外，Sony 也提到 iPhone 受歡迎的另外兩個原因，其中之一就是蘋果產品一直以來給人的「設計感」，即便在功能上落後，但是蘋果在外觀設計上不斷追求創新（包括外型與顏色），繼承了以往蘋果產品使用者給人的「雅痞」感，讓一般消費者購買 iPhone 後能有個人素質提昇的心理作用，這是目前 Android 旗艦手機很難超越的一點。

第三個原因則是龐大銷售量帶來的豐富配件：高垣浩一在簡報時就開玩笑地提到，iPhone 在日本的使用人數（2800 萬）比日本的家貓數目（1000 萬）高，這樣龐大的使用人數讓配件廠商不斷推出 iPhone 的相關配件（如保護殼、保護貼、外接隨身碟等），加上 iPhone 款式較少、2 年一次大改款的較長週期，也讓配件廠商願意推出更多適用的新配件。

總結 Apple 手機的特色就是「簡單」「設計感」「豐富配件」就是它的特色賣點。所以在你的人際關係中，有沒有屬於你的特色，你要知道人際交往的過程中對方要買的是什麼（簡單說就是在你這邊可以得到什麼好處）？或至少能避掉什麼麻煩或痛苦！

人家為什麼要和你來往？

任何人際交往拆解開來，就是只有兩件事。

第一件事情，叫做「問題的解決」

第二件事情，叫做「愉快的感覺」

什麼叫問題的解決？

認識你，可以幫他解決生意上的問題，解決食衣住行衣的問題，買房子解決住的問題，買車子解決行的問題，也就是通常我們有一個需求想要被滿足，或者一個困難想要被解決，就會透過希望認識你之後，進而解決這個問題。

例如，我公司的產品想要上架到 7-11 的通路，那麼我就會想要去認識統一集團的高層的人脈，這個叫問題的解決。

什麼叫愉快的感覺？

這指的是氛圍，第一種氛圍是你直接帶給他開心愉快的氛圍，第二種氛圍就是你的名氣讓他覺得跟你在一起是很有面子的一件事情。

第一種氛圍是你直接帶給他開心愉快的氛圍，也就是說對方跟你在一起的時候你會帶給他開心的感覺，見到你就心情愉悅，大家一起出去你就是那開心果，可以為團隊帶來愉悅的氣氛，不是說一定要去搞笑當諧星，包括你做人很 Nice、你很有氣質、你學識淵博等等，都算愉快的氛圍。

第二種氛圍就是你的名氣讓他覺得跟你在一起是很有面子，在和你合照後把照片放在臉書上，有些人很喜歡說他認識○○董事長、認識○○明星、認識○○老師……總之他覺得認識你是可以跟別人炫耀的一件事情。

「問題解決」與「愉快感覺」哪一個重要？我常在課程上問學員這個問題，大家覺得問題解決比較重要，還是愉快感覺比較重要？許多人的回答是愉快感覺比較重要，但事實上，我不得不說，其實兩件事情都很重要。

在問題的解決上，如果你沒有影響力，光只是讓對方感覺很愉快，但是他事業上的問題你沒有辦法幫忙解決，自然他對你的人際關係就沒有那麼緊密，所以我認為兩個都一樣重要。

所以客戶買的並不是產品本身，而是產品帶來的利益或一個解決方案，所以你想要有優質的人脈及自動而來的人脈，你就必須——

讓自己變強大！！讓自己變強大！！
讓自己變強大！！讓自己變強大！！
讓自己變強大！！讓自己變強大！！
讓自己變強大！！讓自己變強大！！
讓自己變強大！！讓自己變強大！！

不是我要浪費紙說那麼多次「讓自己變強大」因為真的是很重要所以要說十次。

你想想看如果你有一天變成了一位名人，先釐清一點，名人≠ 有錢人，但是通常名人都是會是有錢人，這是因為名利雙收，當你有名了，利自然會來。舉例：假設你是郭台銘的話，你還需要主動去認識人脈嗎？答案是還是需要的，因為有更強大的人不會來主動認識你，像郭台銘就主動去認識美國總統川普，為什麼呢？原因又拉到原始點，就是——我可以在你這邊得到什麼好處。我建議要高築牆、廣積糧、緩稱王的概念，也就是說你可以給人的「利益點」必須要是別人很難模仿的利益點、別人沒有的利益點，這樣你在人際交往的市場上就很搶手，別讓自己都看不起自己，努力地經營自己吧！好讓自己變強大！！畢竟投資自己才是穩賺不賠的生意。

2 自己不強大，認識再多人又有何用

不懂得經營自己，讓自己變強，認識再多人又有何用呢？我覺得這點太重要了，所以必須要再強調一次

你要明白這世界沒有雪中送炭的情形（少數不提），都是錦上添花，人際關係這個圈圈也是一樣，沒有人會想認識比自己能力差的、比自己沒錢的、比自己地位低的，所以要有好的人際關係的第一步，請提升你自己的價值（能力、財富、社會地位、名氣）。

要想獲得自己想要的東西，首先我們得讓自己升值，你值錢才能「賣個好價錢」，因為誰也不願意掏錢買個沒用的東西，畢竟錢都是辛辛苦苦賺來的，要知道，除了富二代，大多數的有錢人也是從窮人一路爬升過來的，比我們還更懂得交換，懂得給你打分數，更精明，價值判斷更精準，更會「算」，你要是沒有富人需要的東西，富人為什麼要跟你交朋友。

常常聽到身邊的朋友、同行說認識了誰誰誰，跟誰誰誰交換了名片，跟誰誰誰一起參加聚會……，請相信我他口中的那個誰誰誰其實不太會記得他是誰的。

不要成天抱怨這個，抱怨那個，那樣只會讓你喪失發展的信心，等你埋頭苦幹，經歷了一段耕耘之後，你進步了，你的價值提升了，你就會進入更高層次的圈子，你會擁有更多的人脈、資源等，這樣路才會越走越寬，等到那個時候，你成功了，你靜下心來想一想，跟你之前的那個底層的圈子的人會有距離感，你會覺得自己不屬於這個圈子，原本那個圈子的人來跟你互動，你會覺得格格不入，不知道是哪裡不對勁，你以為你變了，以為自己是一個見利忘義的人，其實不是，你還是原來的你，只不過你現在擁有更多身外之物，你擁有的資源更多了，雖然你想跟底層的人走得更近，你試圖努力，但你發現那樣會很累，因為你們所擁有的資源不同，各自的角度不同，看問題的方法已經變了，你說的對方很難理解，對方說的你也不懂，其實你們都沒變，只是位置變了、角度變了、思維也跟著變了。

就像是這時候你在三十樓跟五樓的朋友說：「前面有條很棒的河」，五樓的朋友會說：「騙人！前面明明是個二十層樓的大樓」。

電視上常常出現的橋段是：一群朋友同時進一家公司一起打拼，其中有一個人表現特別優異，比其他人早升遷上去，並且成為這群好友的上司，這時候就會有一幕出現，就是底下當初一起打拼的同儕批評升遷的朋友，酸酸地說換了位子就換了腦袋，意思是說感覺不再是可以在一起的朋友，眼睛長到頂頭上了。其實不然，因為升遷者的位置不同了，他的心其實沒有變，變的是他肩上的壓力多了，眼光遠了，思考的深度變深了，因為在五樓的人沒辦法看見在三十層樓看出去的景物，所以位置變了想法一定會改變，你覺得金錢不像以前那麼重要了，更重要的是時間，表示你有一定的高度了，因為你現在的時間是大於金錢，外出時，你會選擇坐飛機或者坐計程車。但是，窮人最不缺的就是時間，他們選擇擠公車、坐火車，哪怕路再堵，人再多，他們的時間沒有你那麼珍貴，一年的年薪還趕不上你一個月的收入，他們不需要處處考慮節省時間，他們有大把的時間陪老婆孩子，下班到處閒逛，有時候，你看著他們的生活，彷彿回到了過去，看見了曾經的自己，你不願再想過去的艱苦生活，覺得過夠了，也過怕了，所以，你更要拚命努力，想不斷鞏固現在的生活基礎，為自己的晚年生活累積更多的財富。

最可怕的是，自己既窮又不努力，還想著跟富人交朋友，請問你有什麼？富人為什麼要跟你交往？所以我們自己要努力要上進，不要等著別人施捨，人家又不欠我們的，窮也好富也罷，我們都要懂得上進，要投資自己的腦袋，要懂得艱苦奮鬥，明白自己動手豐衣足食，只有當我們通過自己的努力，擁有更多的資源的時候，才容易跟周圍的人交換，來獲取我們想要的東西，我們也才更有尊嚴，不要總是仇富，留著力氣好好努力吧！要知道比你漂亮、比你有錢、比你有能力的人都比你努力，你有什麼資格在這裡怨天尤人。

現在我要你寫下你要學習什麼才能讓你變強大，你可以利用隨書附贈的「45 天人脈開發改造練習攻略」裡面的步驟一一完成，也可以先在這邊思考一下你該學習什麼才能開始變強，現在、馬上、立刻去做，GO ！ GO ！ GO ！

寫下五個你需要去學的技能，請注意不是你喜歡的技能，而是你需要的技能，如公眾演說、商業模式、眾籌、寫作出書班或是健身、跑步，又或者你有一個想要結交的重要人脈，而他喜歡釣魚，請你立刻去學習釣魚方面的相關知識等等，現在就把它寫下來吧！

1. ________________________________

2. ________________________________

3. ________________________________

4. ________________________________

5. ________________________________

現在已經寫下五個需要去學習的技能，請你放下本書，去Google你需要上課的資訊並報名，先從一堂課開始，立即去行動吧！

你現在開始做這一步你就贏了80%以上的競爭對手了，真的不知道要學什麼，請試著來聯絡我吧！我會幫助你！！加油！！

3 你要做跨界人？

人人都在談「跨界」，可到底什麼是「跨界」呢？

就如同你正在跑馬拉松，跑得很賣力，遠遠地看到終點就快到了，但是突然不知道哪裡來的一群人比你先跑到終點，從第一名、第二名、第三名、第四名到第十名全部都被他們拿走，他們是哪裡冒出來的都不知道，因為你的領域已經被別人跨界來經營了。

最典的例子的就是馬雲的支付寶，本來是第三方支付，一夜之間變成了餘額寶，其實餘額實就是支付寶，餘額寶裡面就有八千億人民幣，立刻變成全世界最大的基金，金融界想都想不到會有這種事發生，這就是跨界。

跨界人指的就是不單單只做只有一種功能的朋友，還要有情感的跨界，例如，你平常是個只會找對方吃飯玩樂的朋友，是不是能跨界一下，成為在他心情不好時可以傾訴、吐苦水的朋友。

這是一個跨界的時代，每一個行業都在整合，都在交叉，都在相互滲透，如果原來你一直獲利的產品或行業，在另外一個人手裡，突然變成一種免費的增值服務，你要如何和人家競爭？如何生存？

跨界這種事情其實已經發生在各個領域了，進入 21 世紀跨界變成一種顯學，人脈的競爭也是一樣，別人為什麼要跟你做朋友，不再是單一示好的競爭，而是資源整合的競爭，誰能持有資源才是關鍵，所謂花若盛開，蝴蝶自來，資源是被吸引而來，而非要來的，你應該想的是你如何在人際關係中跨界？

以下提供你幾個方向：

➢第一、你有什麼資源可以整合起來，做到別人沒有，只有你有的？

➢第二、你可以提供什麼樣的平台，是他人想要的？

➢第三、你有什麼樣的閒置資源，是可以分享出去的？

➢第四、你有什麼樣的經歷，可以讓人覺得跟你在一起感覺是賺到的？

我們以采舍集團的王擎天董事長來舉例：

➢第一、你有什麼資源可以整合起來，做到別人沒有只有你有的？

王董事長有二十多家出版社的資源可以幫你打造品牌等效應，兩岸實友會串起兩岸人脈交流的資源，以及有培訓部門，吸引許多大師共同分享資源，光是王董事長這邊可以幫你出書、行銷至暢銷書，這個資源就是市場上獨一無二的。

➢第二、你可以提供什麼樣的平台，是他人想要的？

王董事長這邊有借力致富平台，還有講師培訓及舞台可以發揮，以及可以打造你成為專家的平台，最重要的是出書出版平台。在通路為王的世代，董事長這邊有通路的平台，如今我也和王董事長成立了培訓平台，讓有能力的素人或是知名的大師，可以在這平台培育更多優秀的人才。

➢第三、你有什麼樣的閒置資源，是可以分享出去的？

王董事長很多的人脈是目前的閒置資源，但是人家為什麼要讓你用他的閒置資源，最重要的就是和他發生關係，例如你可以參加王董「王道增智會」的課程，可以加入「王道增智會」變成他的弟子等等，這樣他的閒置資源才有理由讓你所用，當然資源分配也是重點，最好的資源到一般的資源是：弟子＞王道會員＞一般學員＞一般人。

➢ 第四點、你有什麼經歷，可以讓人覺得跟你在一起感覺是賺到的？

以下是王董事長的簡歷：

- 台灣大學經濟系畢業，台大經研所、美國加州大學 MBA、統計學博士。長達 20 年來台灣數學補教界的巨擘，現任蓋曼群島商創意創投董事長、香港華文網控股集團、上海兆豐集團及台灣擎天文教暨補教集團總裁，並創辦台灣采舍國際公司、全球華語魔法講盟、北京含章行文公司、華文博采文化發展公司。榮獲英國 City & Guilds 國際認證。曾多次受邀至北大、清大、交大等大學及香港、新加坡、東京及中國各大城市演講，獲得極大迴響。
- 現為北京文化藝術基金會首席顧問，是中國出版界第一位被授與「編審」頭銜的台灣學者。榮選為國際級盛會——馬來西亞吉隆坡論壇「亞洲八大名師」之首。
- 2009 年受邀亞洲世界級企業領袖協會（AWBC）專題演講。
- 2010 年上海世博會擔任主題論壇主講者。
- 2011 年受中信、南山、住商等各大企業邀約全國巡迴演講。
- 2012 巡迴亞洲演講「未來學」，深獲好評，並經兩岸六大渠道（通路）傳媒統計，為華人世界非文學類書種累積銷量最多的本土作家。
- 2013 年發表畢生所學「借力致富」、「出版學」、「人生新境界」等課程。

- 2014 年北京華盟獲頒世界八大明師尊銜。
- 2015 與 2016 年均為「世界八大明師會台北」首席講師。
- 2017 年主持主講〈新絲路視頻〉網路影音頻道，獲得廣泛的迴響！
- 2018 年成立「全球華語魔法講盟」培訓機構，以培訓世界級講師為志業。
- 為台灣知名出版家、成功學大師，行銷學大師，對企業管理、個人生涯規劃及微型管理、行銷學理論及實務，多有獨到之見解及成功的實務經驗。

提出證明就不需要說明，相信不用我說明就可以知道跟王董事長在一起為什麼感覺是賺到的，各位朋友你想想看，如果你的人生也可以像王董事長那樣豐富，你還需要擔心有沒有人脈的問題嗎？所有的人脈會如雪片般的飛來，這時候你要做的就是挑選對象，是不是感覺很棒！

所以你必須做到利他、互補、共贏，這就是整合的三大秘訣。

4 你是否能是一個平台？

現在是一個合力共贏的年代，如果將很多人聚集起來，發揮每一個人的特點和優勢，很複雜的事都會變得很簡單，因為人們團結合作互補出來的力量是不容小覷的。

Uber —— 世界最大計程車行，卻沒有自己的車。

Facebook —— 世界最紅的媒體，卻沒有自創的內容。

Alibaba —— 世界最大量交易的商場，卻沒有自己的庫存。

Airbnb —— 世界最大住宿提供者，卻沒有自己的地產。

一個好的平台是可以吸引許多優秀的資源，如果這個平台是一個人脈的平台呢？你想辦法把自己變成一個平台，你就可以吸引許多優秀的人來你這邊，問題是要如何變成一個人人都想靠近的人脈平台呢？重點在於你是否能夠資源整合，整合是一種資源的優化，而非誰拿走了資源！所謂「花若盛開，蝴蝶自來！」，這也歸咎到原始點，讓自己變強大！！

你要問自己五個問題——

- 我要什麼（必須明確）？
- 我有什麼（清點自己）？
- 我缺什麼（要懂得藏拙）？
- 誰的手裡有我缺的（可以知道，誰可以給你所缺的）？
- 為什麼別人要把你所缺的給你（說服對方給你資源）？

清楚了解這五個問題你的人脈的資源整合大概就沒問題了，這世界上正發生著顛覆性的改變，我們的思想一定得要跟得上時代！

請現在清點一下你的資源，並且寫下你要補強的部分。

- 我要什麼（必須明確）？

1. ______
2. ______
3. ______
4. ______
5. ______

- 我有什麼（清點自己）？

1. ______
2. ______
3. ______
4. ______
5. ______

- 我缺什麼（要懂得藏拙）？

1. ______
2. ______
3. ______
4. ______
5. ______

- 誰的手裡有我所欠缺的（誰可以提供你所欠缺的）？

1. ______
2. ______
3. ______
4. ______
5. ______

- 為什麼別人要把你所欠缺的給你（說服對方給你資源）？

1. ______
2. ______
3. ______
4. ______
5. ______

越知道自己的資源，你越可以快速地去建立你的平台，建立平台有以下三步驟：

Step 1 組織資源：

這第一步驟最困難也最花時間，你要清楚你要搭建的是什麼平台？吸引什麼人？如何去尋找你要的資源，去借、去學、去租還是去買……，定位一定要弄清楚。

Step 2 公開資源：

記住不是等都完成才開始做 Step 2，是同步進行，只是重心 80% 放在 Step 1，剩下 20% 去跟他人分享你未來會有什麼資源可以合作，記得要借別人的力，你要的是使用權，不是所有權。

Step 3 倍增資源：

這一步你的平台也有規模了，請你去吸引更多的資源進入你的平台，像臉書就是找更多的合作廠商，開發更多的平台功能，目的就是要將使用平台的人緊緊連結在一起，想要離開都很困難。他們只能不斷地找資源進來你的平台為你所用，到這一步驟基本上是別人在幫你壯大你的平台了。

獅子會 1516 秘書長顏伯卿是很大的人際平台。

至始至終清楚你的目標、目的

「事與願違者跟著事情走、達成目標者跟著目標走」，高手與普通者最大的差別在於，你在經營人脈的時候有沒有明確的目標，這世上成功者佔的比例大約是 5%，一般人約占 95%，這比例其實跟人脈圈的情形差不多，擁有好人脈、好人緣的人約占 5%，一般人緣約佔 95%，為什麼呢？其實就是這 5% 的人是有目的的交往，95% 的人是刺激產生行動的人際往來，這是什麼意思呢？

5% 是有目的性的交往

有目的的交往就是說在接觸到人之前，他們其實已經想過自己要的是什麼，想要透過這些人脈得到什麼好處，所以途中發生任何的事情，都不會讓他們停留或改變方向，因為他們知道他們要的是什麼。

例如，男生追求女生，目的是要先贏得意中人對自己的好感，他想追的那位女孩某天來了大姨媽，心情不甚美麗，所以特別暴躁，男生查覺到了，並主動關心詢問：「妳身體是不是不舒服啊？」女生回答：「你沒有眼睛嗎？」，男生頓時心裡很不爽，覺得這女生很機車，但是一想到他目的是要讓那女生有好感，於是先壓下自己的情緒，持續關心地問：「就覺得妳好像不舒服，要不要喝熱咖啡？」女生說：「我又不喝咖啡。」男生心裡上演著小劇場：「你很難搞ㄟ，要不是看妳漂亮我早就走了，我也是人生父母養的心肝寶貝，我願意在這邊討好妳，還不是要給妳好的印象。」……想到這裡，男生又記起了自己的的目的是什麼，於是再接再厲地說：「那我去買杯熱巧克力給妳喝」，女生立即眉開眼笑地說：「好，謝謝你！」此時，女生心裡對這男生打了 89.99 分，對他有了好印象，男生也達到讓女生有好感的目的，這就是有目的的人際交往。

分析：雖然一開始男生主動示好，但是女生不領情，又用情緒化的字眼回應，男生心裡自然不愉快，但是想到他的目的是要讓女生有好感，於是耐住性子繼續關心，女生還是沒有好臉色，男生還是想再爭取爭取，於是再次壓抑不爽的情緒，第三次釋出他的關心，女生這次終於給了他和善的回應，男生達成有目的的人際交往，達陣成功。

95% 是刺激反應性的交往

這指的是人們在經營人脈是沒有目的性的，完全是靠當下的刺激反應決定，一樣是舉男生追女生的例子，我們來看看有什麼不一樣。

男生追求女生，目的是要贏得意中人的好感，約會那天，他想追的那女孩正巧來了大姨媽，心情不甚美麗，所以特別暴躁，男生查覺到了，並主動關心詢問：「妳身體是不是不舒服啊？」女生回答：「你沒有眼睛嗎？」男生受到刺激不爽地嗆回去：「跩什麼跩，不過只是問一下而已，有必要這樣嗎？」，女生不耐煩地回答：「我身體舒不舒服是我的事情，關你什麼事情！」男生說：

「是不關我的事，再見！！」轉身離開。女生氣憤地說「誰要再見你！」，男生說「〇〇 ×× ！！」以上就是沒有目的性的人際交往，是刺激反應性的人際交往，看出來差別了嗎？

分析：一樣是男生要追求女生，男生問女生：「身體是不是不舒服啊？」先釋出善意，女生回答：「你沒有眼睛嗎？」男生受到刺激了，因為男生沒有目的性的人際交往設定，完全是情緒反應，於是才會回答：「跩什麼跩，不過只是問一下而已，有必要這樣嗎？」這是刺激下的反應，那女孩也反射性地做出人際交往的反應，回答「我身體舒不舒服是我的事情，關你什麼事情」，這又是對男生直覺性的反應，最後男生做出轉身離開的決定。

任何成功者，不論是在經營事業或是人際關係下，都是使用有目的性的交往，另一個刺激反應的交往，往往會因為情緒、好奇、生氣等的刺激因素，做出刺激下的人際交往反而誤了大事，所以你要經營好你跟客戶的信賴感關係，你就要有目的性地與人交往、相處，始終明白自己要什麼，透過一次一次有目的性的人際交往，你就可以快速累積客戶對你的信賴感，成功收單。

不要經營「人脈」，而是經營「人心」！

與人培養好關係沒有其他的秘訣，重點只有一個，就是「用心」。但現實中，很多人交朋友非常的短視，也就是心裡只想著這個人可以為自己帶來什麼好處，藉此評估是否要拿出自己的資源去經營彼此的關係，而這種以功利建立起來的人脈，往往不長久，也不真實。

因此，若你想真誠地與他人建立好關係，至少要做兩件事。第一、換位思考，從對方的觀點看世界，第二、先幫助對方得到他想要的進而和對方合作，而不是想著你能從他身上得到什麼。

在此與大家分享一個實際的做法，可以幫助大家養成真誠建立關係的習慣。當你和朋友見面或是認識新朋友時，不要再問自己說：「跟他交朋友對我有什麼好處？」而是先自問：「我們彼此有什麼好處？」久而久之，你就能習慣用心去對待任何人了。

至於「經營人心」最便捷的做法，就是改變自己說話的方式，說話是一門學問，同樣的事，同樣的話，換個方式說，達到的效果卻完全不同。

與人說話的過程中請遵守兩大原則

第一點，不判斷觀點的對錯，我們最容易犯的錯誤，就是自己在心裡默默對對方的觀點判斷對錯，其實每個人的觀點，只是對事物的不同的看法，很難做出誰對誰錯的判斷。例如我跟一群小朋友出去旅遊，旅途中一位小朋友頻頻覺得我們車速太快，另一位小朋友則認為一點都不快，一問之下原來覺得車速快的小朋友，是因為他媽媽開車是屬於開車速度很慢的類型，所以相對今天開高速公路當然覺得快了。另一位小朋友平常則是坐慣爸爸開的車，因為他爸爸常開高速公路，所以相較起來就覺得還好，沒有誰對誰錯，只是每個人的觀點不同。

因為在我們的頭腦中，有一套自己處理事情、辨別是非的價值觀或方法論，它不能代表別人，更不能代表真理。如果邊聽邊判斷，就會對說話者在心裡定格，先下定論或是存有偏見，也就難免會在談話中帶上個人情緒，在言語上失了分寸。

第二點，充分的尊重，這世界上沒有兩個完全相同的人，每個人對事物的看法，觀點也是不同的，抱著一種學習的態度去與人交流，這是產生尊重的基礎，尊重能讓對方感覺到你的真誠和善意，所以，若想讓他人尊重你，你自己要先做到尊重別人。

說話儘量不使用否定性的詞語

根據心理學家研究指出，與人交流中不使用否定性的詞語，會比使用否定性的詞語效果更好，因為使用否定語句會讓人產生一種命令或批評的感覺，雖然明確地表達了你的觀點，卻很難讓聽者接受。例如：「我不同意你這次提案的做法」這句話我們可以換一種說法：「我希望你重新考慮一下你這次提案的做法」。所以在溝通交流中，很多的問題都是可以使用肯定的字句來表達的。

換一角度表達，讓人更容易接受

同樣的一種觀點會有多種表達的方法，例如，我們要說的意思是某女生很胖需要減肥，你可以說：「你好胖，需要減肥」，另一種說法是：「你五官很立體，若能瘦下來一定很美。」可見，表達的方式很多種，就看你用不用心。如果你是那位女生，你會喜歡哪種說法，當然是第二種，所以，我們在要表達自己的觀點時不妨多想個三秒鐘，思考一下接著說出來的話是否更讓人易於接受。俗話說的好：良言一句三冬暖，惡語傷人六月寒。

善用你的肢體語言

肢體語言包括身體各個部分，為表達自己觀點而產生的各種動作，文字、語調、肢體動作，只有各個部分完美的配合，才能產生最佳的效果，交流時文字、語調、肢體動作等所產生的作用是不同的，文字占 7%，語調占 38%，肢體動作占 55%，所以我們說話時搭配一些適當的手部動作和臉部表情，就可以讓你說話的內容直入對方心中。

將「命令」改為「期望」

命令式的語言會讓人有不被尊重的感覺，這種感覺會削弱人的積極性，對你引起反感，反而不利於溝通，影響到你的預期效果，例如：「你必須在五天內把資料交給我。」聽到此話的人，內心難免會有不舒服之感，實行你的命令自然也不會多盡心。

那如果換個期望式的說法，如：「依你的能力，相信你會在五天內完成這份報告的，期待你的表現。」這樣的說法，在工作場合中效果最是顯著，這種期待式的任務交付，不但不會有損你的權威感，反而大大提升你的主管魅力。

切勿以偏概全

很多時候人們說話時，會把意思擴大化、深層化，再加上自己情緒上發洩的字眼，這樣非常的傷人。

例如，小孩子愛玩不小心把你心愛的骨瓷杯打碎了，有的家長一看到自己心愛的骨瓷杯摔破了就大聲責罵：「你就是一個敗家子，講都講不聽。」想一想，就打碎一個杯子，就把孩子說成是敗家子，這對事情並沒有幫助，你的骨瓷杯也不會因為你罵孩子幾句就完好如初。所以還不如換一種說法：「有沒有受傷，以後注意點，受傷了怎麼辦，下次要注意玩的場合，這是爸爸心愛的杯子，你把它打碎了我很難過，我們一起來把它清理乾淨。」每個人都有善良的一面，每件事都有積極的因素，記得一定要就事論事，絕不以偏概全。

情緒不好的時候少說話

心理學研究證明，人在情緒不穩或激動、憤怒時，腦袋的智力是相當低的，大約只有六歲，在情緒不穩定時，常常表達的不是自己的本意，道理理不清，話也講不明，更不能做決策，不要相信「急中生智」的謊言，尤其是生氣的時候，盡量避免講超過三句話，因為生氣時講出來的話大多是不理智的氣話，通常沒什麼「好」話！與其等到傷了人、誤了事、賠了形象之後再來懊悔，倒不如選擇沉默以對，先化解對峙的場面，來得明智許多。在我們的生活周遭、工作中，因一句不合反目成仇，甚至鬧出命案的例子比比皆是，不得不慎重對待。

話說的得體能讓人喜歡，不只是一個表達技巧的問題，還要我們養成學習和觀察的好習慣，不斷約束與練習說話之道，要常反思，悟出來的才真正成為自己的，培養好自己的語言魅力吧！

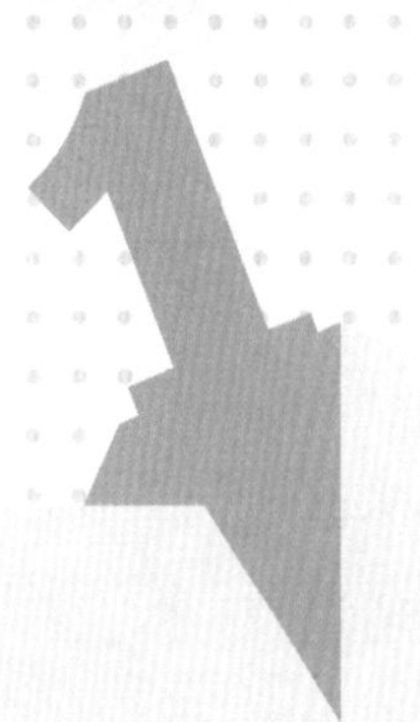

★請花點時間思考★

- 你有把辦法做哪方面的跨界人的功能？

1. ______
2. ______
3. ______
4. ______
5. ______

- 如果沒有，請你定下至少五種是你現在你沒有的功能，並且去學習它：

1. ______
2. ______
3. ______
4. ______
5. ______

Chapter 3

付出才會傑出

1 經營人脈要有耐心

在今天的社會，人脈是非常重要的，人脈是一種潛在的資產和財富，雖然它不具立即性的效果，需要長期耕耘才能收成，一定要耐心布局。人脈在商場上的作用也的確不容小覷，你能否成功，不在於你知道什麼，而是在於你認識誰，擁有了豐富的人脈資源，也就等於擁有了巨大的財富，所以，千萬不要小看人脈的作用。有時候，自己費盡心力也做不到的事，可能某個關鍵人物一句話就能輕易解決。

你的圈子決定你的未來

「物以類聚，人以群分」，想要成為什麼樣的人，想要擁有什麼樣的未來，這一切都取決於你接觸什麼樣的朋友，而那些人都將會是你成功路途上的貴人。如果經常與浮誇的人為伴，學不會踏實；如果你的朋友都是積極向上，就可能成為努力進取的人。

想讓自己的人脈更加寬廣，就要提升自己的價值，想要有好人脈，就要變得更優秀！你應該能夠發現，富人的朋友比窮人來得多，這是為什麼呢？就是因為富人有很高的利用價值。正如一句老話所說：「窮居鬧市無人問，富在深山有遠親。」

要想使自己的人脈網變得更加豐富，就要提升自己的利用價值，不僅在事業上如此，在朋友之間也要如此，因為朋友之間就是一種彼此互助的關係，現在的社會是一個錦上添花的社會，很少有人會有雪中送炭。要想讓自己的人脈變得更豐富多元，就要在建立人脈方面加大投資。總有些人經常抱怨自己沒有背景，自身的能力也一般，那麼所謂的有朝一日能夠得到貴人的提攜、一夜之間飛黃騰達只能在夢裡實現了。

其實只要仔細觀察就會發現，你的生活中從來都不缺少貴人，他們可能就是你身邊的朋友、老闆與同事或者只是一些和你萍水相逢的人，只要善於拓展自己的人脈資源，你的貴人就會在你需要的時候，及時地向你伸出援助之手，

 人緣是無形的資產

無論你從事何種職業或專業，學會處理人際關係，你等於在成功路上多走了百分之八十五的路程。美國石油大王約翰．洛克菲勒說：「我願意付出比天底下得到其他本領更大的代價，去獲得與人相處的本事。」

為偏遠山區的學生服務。

朋友是最好的人脈，關係到了，財就來，「有好人緣就有財源」這點是無庸置疑的，大企業的老闆們都非常清楚人際關係在事業上的重要性，幾乎人人都是處理人際關係的個中高手，我們中華文化裡有一句老話說得非常中肯，那就是「在家靠父母，出

為家扶中心募款。

鬥靠朋友。」我們想要擁有源源不絕的財富，就必須創造一番屬於自己的事業。但是，通常創立一份事業，無法靠自己的單打獨鬥進行，這時就必須要有合作夥伴，合夥人的選擇，是影響事業與投資成果的關鍵，集合大家的經驗和智慧，再加上彼此間明確的協定，將使投資過程更加順利。

2 站在他人立場想事情

你或者你的親朋也許都曾有過這樣的體驗：有的人非常熱心，但常常熱心過頭了，反而造成別人的困擾。我的親身經驗是，有次朋友聚會，那時剛好我正在減肥，所以都吃得不多，也不好意思跟朋友說我在減肥所以不吃。朋友相當熱情，讓老婆切水果招待大家，有鳳梨、芒果、西瓜這三樣水果，這三樣水果很好吃但是也都很甜，所以我就各拿一塊來吃，因為很甜熱量也高，我想還是得忌口。但是大家坐下來一起話家常時，朋友就一直招呼大家吃水果，在座的其他朋友當然一開始很捧場，但是因為份量還蠻多的，又是吃飽才來他家坐坐，吃得並不熱絡，他就起身端著水果一一到每個人面前，請每個人拿水果，到我面前我說吃不下了，但是他卻說水果小小一片沒關係啦！我還是堅持說我吃飽了，並跟他道謝，他卻主動拿叉子叉了幾片水果，硬是塞給我，那時候的我拿也不是，不拿也不是，當下的感覺其實不好，我知道那是他的好意，但是熱情過頭反而會造成我的困擾，如果他可以站在我的立場想，我為什麼不吃水果，而不是單憑他認為自己請大家吃水果是在展現他的熱情，他覺得這樣大家一定會很開心，其實這樣反而造成了反效果，賠了夫人又折兵。

凡事站在他人的立場想事情是非常重要的，因為這樣你可以精準地善用資源，可以達到不浪費又快速的效果。例如我本身不敢吃部分海鮮類，像蝦類、貝類、章魚那一類我都不敢吃，但是有的朋友沒有問過我或是觀察過我。只是單憑一般大眾認為請人吃龍蝦、鮑魚是很有面子的，殊不知其實他請我吃一碗滷肉飯，我還會比較開心。

又例如我有個朋友A君是不喝茶的，有次有人為了要討好我朋友A君，特別送給他台灣比賽得名的冠軍茶，而且價格還不便宜，要是那個人先透過LINE向我打聽A君的喜好，他就能馬上省下不少錢，因為我那朋友最喜歡喝養樂多，可惜他並沒有先諮詢我，不然那兩罐冠軍茶可以買好幾箱的多多吧！

當然站在他人立場想不光光只是吃的方面，同理心更是一大重點。例如有一次我在趕業績的情況下，多打了一通電話詢問訂單狀況，沒想到對方接到電話劈頭就很生氣地罵我，歇斯底裡地在電話那頭罵個不停，我當下當然是滿頭霧水，心裡想有那麼嚴重嗎？但是我轉念一時，她不是這樣火爆脾氣的人，一定是有什麼事情導致她那麼生氣，於是我壓下我想反駁的火氣，讓她發洩一下，因為她連他老闆罵她的部分都算到我頭上，一直罵到早上她跟她男友吵架的部分，也算在我頭上，這下我明白了，原來是因為她早上出門前跟男友大吵一架，到公司遲到加上工作上的事情被老闆罵，我就那麼剛剛好那時候打電話去，她不找我發洩？要找誰呢？我一站在她的立場想之後，反而沒有那麼不爽被罵了，而能冷靜下來聽她抱怨、吐苦水，偶爾附和她罵我們這些臭男人，最後她或許是情緒找到了出口，我不斷地讓她釋放，沒有當她釋放時候，硬堵住她不讓她發洩，還跟她吵，讓她情緒更糟、更加放大，等到她倒垃圾倒得差不多的時候，她自己察覺到自己不應該這樣，最後竟然哭了出來，頻頻向我道歉，這時我打蛇隨棍上地安慰她，最後等她平靜下來了，我才詢問她訂單的事情，她馬上幫我處理，原本訂單到她手上還要再跟我們談付款條件，但是因為她那愧疚的心，她很幫忙地直接給我最好的付款條件，我的獎金也因為付款條件比較好的關係，多了兩萬多元，重點是後面跟她的合作都很順利，她甚至會跟我說我競爭對手開的價格是多少，但是也不必比競爭對手低，因為我這邊會沒有利潤，這點她也都先替我設想到，她會給我她建議的價格，然後再去跟她老闆說明，所以我拿的條件是最好的，之後很多的訂單也都談得順風順水，甚至我離開了我原本待的公司，往其他產業發展，她還表示她公司有缺人，建議我去應徵看看，她會幫我跟面談主管說，但是我有我的計畫所以婉拒了。她還問我打算到哪邊發展，未來公司的產品如果她們公司有用到，她會幫我引進。之後我做服務業賣雞排去，她還常常叫外送，幫我介紹客戶，這些的好處和人脈的發展都源自當初那通電話，我要是沒有站在她的立場，去體諒她為什麼會這樣，劈頭就跟她吵起來，相信我是不會收穫到後面這些資源的。

所以多站在對方立場去看事情，去想事情，相信你在人脈經營上會事半功倍的。

3 不要想會有所回報

一位女性朋友與我閒聊時抱怨她的男友，因為她男友非常講求公平，例如男生負責開車，女生不能在旁邊睡覺，要陪他聊天；男生負責家裡水電維修，女生要負責料理；男生負責洗馬桶，女生就要負責洗浴缸；男生幫女生買宵夜，女生就要幫他按摩；男生凡事要求我對你好，你要有所回報，所以兩人常常爭吵，最後以分手收場。

很多人在付出的時候，心裡總是期待會有所回報，要是回報結果不如預期，就會覺得付出不值得、感覺被騙，心裡很不是滋味，但是換個角度想，要是我們在付出的當時，只是單純出自內心想幫助對方，認為沒有回報是正常，若是有所回報則是賺到，之後每一次付出的時候就會沒有罣礙。

如果不想當冤大頭，你也可以在付出前先衡量自己的能力，例如有朋友找你借錢，這時候就要先衡量自己能力，把借出去的錢當作對方不會還你，這樣若未來這筆錢要不回來，也不會對你的生活有所影響，如果會的話，你就要考慮要不要借，或是降低金額，不求回報不是要你做爛好人，付出的對象一定要是精準的人脈，也就是說值得你付出的人，才去付出，並不是所有的人都值得你這樣做，而且有時候所謂的回報不一定是立刻馬上的。

我前公司有個同事，他做人很好，凡事找他幫忙都可以獲得解決，從生活上的食衣住行育樂無一不能，而且他幫忙完後不會要求回報，我們常常問他這樣不是當爛好人嗎？他說他也是會看交情的，不求回報心中自然不會有所期待，就不會有落差，但是回報常常在無意間發生，他分享說，之前我們公司有一位新來的總機小姐，負責影印資料的工作，所以每次開會她都要準備資料，問題是公司的影印機常常故障卡紙，女生對機器這方面又不在行，於是我那同事看到會主動幫忙，幫忙幾次後他就變成那個總機小姐的工友兼好友了，之後總機小姐有新的人生規劃離職了，也和我同事斷了聯絡。後來過了兩年多的時間，有次我同事去拜訪一家公司爭取訂單，老闆因為在忙，就先請秘書在會客室接待一下我同事，好巧不巧，那秘書正是當初那位總機小姐，因有舊交情在，我同事也在那秘書私底下的協助和幫忙敲邊鼓下，順利取得一筆很大的訂單，要是當初他沒有幫忙她，相信不會在兩年後獲得她的幫忙，陸陸續續那位前總機小姐也幫我同事轉介紹了很多客戶，因為她會知道公司供應商的一些資料，對她來說不過是順手的資料，但對我同事來說是業務員寶貴的資料。

最後我同事總結一個他為什麼會凡事不求回報最大的關鍵，原來是他漂亮的老婆也是他不求回報追來的。當初追求他老婆的時候，只是單純地想對她好，一開始他老婆根本對他沒感覺，那時他抱持的想法是：沒有回應是正常的，若是有回應就賺到的心態，沒想到第三年才打動了他老婆，第四年兩人就結婚了。所以他人生的態度是如此，先看看要幫忙的對象是誰才決定要不要幫。

- 幫忙的對象：

有關係者→老婆、同事、朋友、同學、鄰居、親戚等等。

與業務相關者→老婆、主管、客戶、廠商、公司同事、送貨司機、大樓警衛等等。

可以帶給你利益者→老婆、麵店老闆（可以多塊肉）、客戶的員工等等。

讓自己心情爽者→美女、美女、美女、美女、美女、美女、美女、美女、美女、美女，或是帥哥、帥哥、帥哥、帥哥、帥哥、帥哥、帥哥、帥哥、帥哥、帥哥、帥哥。

- 不幫的對象：

討厭的人、欲求不滿的人、毫無關係有手有腳者、自以為是的人、說三道四的人等等。

所以我們不是要當濫好人，也拒絕當「大仁哥」，但是我們要有一個觀念，就是拉低你的獲利點，先讓利出去，沒有人喜歡吃虧的，我們可以先讓他人得利，之後我們再來獲利，先主動釋出善意，主動打招呼、幫忙他人、讓他人心情好，之後別人也會這樣對你的。先降低獲利點還有一個很大的好處，就是你的客戶會變多，為什麼會變多呢？因為你是提供好處者，沒有人不喜歡好處的，一旦量大、人多的時候，根據漏斗理論，你就可以篩選出優質的人脈。量大也是一個經營人脈很重要的元素，例如，假設我要請幾位大陸朋友吃晚餐，我們選擇吃台菜，有兩間餐廳給我們選擇，各位猜猜，我們會選擇哪一間呢？答案是人多的那一間。同樣地，臉書上，有一個人突然主動加你，於是你去看他的資料，一看只有 20 個朋友，或是一看他有 4575 個朋友，你會比較想加入只有 20 個朋友的人呢？還是有 4575 個朋友的人呢？

答案不言自明，所以當一個人朋友多的時候，我們腦袋自然就會認為他很厲害、他人緣應該很好、他應該是成功人士等等。所以請記住這一點，當我們要應付一個人的時候，我們不是在應付理論的動物，而是在應付感情的動物。

在亞當‧格蘭特的暢銷書《Give And Take》提到了一個有趣的研究結果：

「事實上，給與受的人際互動原則與成功之間的關聯非常密切，如果請你猜誰最難成功，在給予者、接受者和互利者三者之中，你會猜誰？而研究指出，就跟大多數人想的一樣，給予者確實屈居成就金字塔的底層，因為他們總是扶別人一把，過程中卻犧牲了自己成功的機會。」

但是，如果成就金字塔的底層多是給予者，那高居頂端的又是誰呢？是接受者或互利者？

兩者皆非。觀察研究資料，發現了一個驚人現象：社會上最成功的人也是給予者，而且這不是特例，而是普遍現象，所以就像我書裡的觀念一樣：「付出才會傑出！」

獅子會的創始人，茂文鐘士（Melvin Jones），他的座右銘「開始為他人服務，您才能成就大事」（You can't get very far until you start doing something for somebody else），成為指引全世界熱心公益人士的信條，而這也是人脈經營的真諦。

4 走出舒適圈，豐富人生

不斷地走出舒適圈去嘗試自己的各種可能性！無論個人還是企業，如果設定了新的目標，就必須離開原有的「舒適區」，去改變原有的生活習性，克服心理障礙，去挑戰自我的潛能，去發掘自己真正的能耐在哪裡。例如，想成為一名社交高手，首先要克服自己的膽怯，主動和人聊天；想成為行銷高手，首先要克服惰性，主動聆聽大咖們的分享，哪怕只是幾分鐘。踏出舒適圈，給自己多一點挑戰，你會看到更好的自己！

唯有脫離舊有舒適圈，才有機會成長，一旦你決定走出舒適區，並每天付出努力，你將會收穫許多驚喜，邁向自由區，首先，先定義一下，什麼是舒適圈？什麼是自由區？

舒適區

舒適圈（英語：Comfort zone），指的是一個人所處環境的一種狀態和習慣的行動，人會在這種安逸狀態中感到舒適並且缺乏危機感。那些很有成就、很成功的人通常會走出自己的舒適區，去達成自己的目標，舒適區是一種精神狀態，它導致人們進入並且維持一種不現實精神行為之中，這種情況會給人帶來一種非理性的安全感，類似惰性，當人圍繞自己生活的某一部分建立了一個舒適區之後，他就會開始傾向於呆在舒適區內，而不是走出舒適區。

走出一個人的舒適區，就必須在新的環境中找到新的不同的行動方式，同時回應這些新的行動方式所導致的後果。

自由區

「自由區」是我自己定義的，「區」比「圈」範圍來得大，意思是說達到財務自由的境界，不必為三餐煩惱，生活的時間可以自己安排。

當然有的人會說，我財務自由了，還要建立什麼人脈，為什麼還要那麼辛苦？財務自由固然是很好，但是你有沒有想過，財務自由不代表你有很多的財富可以讓你退休，財富自由只是你每個月的被動收入大於你每個月的開銷，也許你每個月開銷不到兩萬元，剛剛好你有一個投資每個月的回報大於兩萬，這也算是財務自由的一種。

我要各位進行的是兩個階段，第一階段盡量可以讓自己快速達到財務自由，第二階段就是財務自由後的自由區生活，唯有達到自由區生活，你才能快速累積大量並且有效的人脈。此話怎講，你想看看，如果你每天要上班又加班，早上天一亮就趕著去上班，等你下班了，月亮高高掛，你哪裡來的時間去經營人脈，辦公室裡的同事或許可以，但是同一區的人脈通常是沒什麼用的，自然是要跨過各種領域的人脈才是值得經營的。

又如果你必須為三餐打拚的話，也沒有什麼錢可以用來經營人脈圈，如果要經營高端人脈那就更不可能，這不是花錢的問題，而是時間上的問題，因為那些高端人士所有的時間都是自己安排，有可能星期一的下午去喝下午茶，星期二早上去打球，星期三整天去爬山，星期四早上談論投資案，下午找一些股東聚餐談投資，星期五去參觀別人的項目……，你想看看，如果你是朝九晚五的上班族，哪裡有時間可以參與他們的生活，他們要介紹一些好的人脈項目給你都困難，有的人會說：「我假日可以啊！」問題是那些人可不可以，通常假日他們不太跟不熟的人聚會，他們會跟家人或是好友，在自己的家裡悠閒過一天，因為假日外頭到處都是人，去哪裡都塞車，加上假日大家都放假，高端人士也是要陪家人，所以星期一到五你要上班，要經營這些優質的人脈是有困難的。

走出舒適圈擔任活動主持。

你要達到自由區的前提是你要離開你的舒適圈。離開舒適圈說起來很容易，做起來不容易，因為你將面臨安全感的缺失、不確定性以及各種阻力的考驗，所以才有 5% 是成功人士，95% 是一般人。離開舒適區有方法的，這本書裡都有提到，首先你必須訂下目標，一個很簡單的目標，讓你不舒服但是又不會很不舒服的目標，例如每天先向你社區中的警衛打招呼，或是公司裡的大樓警衛問好，這夠簡單吧！為什麼要這樣做？我在本書的其他章節有提到我就不再贅述了，總而言之你要慢慢的習慣不舒服的感覺，等自己身體可以適應了再來加大，不要一次加到最大，不然你就會掛掉，更別提你的目標了。

5 想像做到好像是

這部分我想分兩個部分來談，第一部分談想像力，第二部分談語言的力量。

想像力

很喜歡一句話「想到才會做到」。

假設，你人現在在台北市不管出於什麼原因，一定是你有先想到，先有到台北這個念頭，你才會現在出現在台北市。你去日本旅遊，也一定是先萌生想要去日本玩的念頭；你成為一家公司老闆，一定是先從成立一間公司開始。也就是說，你要先「想要」才有機會「得到」，所以在你還沒有取得對方的信賴感的時候，首先，你要先有想要認識他的念頭，你才會想出一些方法、管道去認識他。之後，再想像你跟他是死黨，他對你的態度是好朋友的關係，他會很照顧你，他有賺錢機會會引薦給你，他百分之百地支持你。

語言的力量

請問你相信每天對自己說正面的話語能對你產生改變作用嗎？

以前我曾經聽過一個實驗，科學家分別對兩棵樹講話，對著A樹天天讚美鼓勵，於是那棵樹長得又高又壯、生氣勃勃，另外對著B樹天天罵它或講負面的事，結果那棵樹漸漸枯黃多病、死氣沈沈。也有畜牧人做實驗，天天放音樂給乳牛聽，結果乳牛的奶量多品質又好。

當初我對這實驗抱持懷疑的態度，於是我親自做了類似的實驗，我拿了一包綠豆，取 100 顆綠豆分成兩份，也就是每一份有 50 顆綠豆，我把綠豆都放在衛生紙上面，並且每天用一樣的水量去澆種綠豆，會選擇綠豆是因為它成長速度很快，第二天就會發芽了。接下來我對其中一份綠豆天天罵它或講負面的事；天天讚美鼓勵另外那份綠豆，第三天就稍稍看出差別了，到了第 16 天生長情況完全不同了，親自實驗後，我完全相信語言的力量，樹、乳牛跟綠豆都如此，何況是聽得懂的人呢？

所以你每天要對自己說一些正面的話，例如，「我的客戶都會喜歡我」、「朋友們都會主動幫助我」、「我的客戶都很信賴我」、「我很會交朋友」，「所有人都會主動來認識我」、「客戶都愛我」、「我可以跟任何人交朋友」、「我每天都會認識新朋友」、「我會主動去認識新朋友」、「老闆們都會成為我的朋友」、「我很愛交新朋友」……，所以你要常常做「想像做到好像」的練習，有「想到」加上「行動」一定可以做到的。

6 給對方想要的，付出才有價值

我有個朋友是營造業的老闆，逢年過節老是送我紅酒，但我知道他本身並不喝酒卻送我紅酒，我還上網查一下那紅酒的價格，還不便宜，於是我好奇地問他，他說是一個廠商的業務送他的，因為那業務是做有關衛浴設備的銷售，我就問我朋友說：「他不知道你喝酒會起酒疹嗎？」我朋友說他應該不知道，不然怎麼會一直送他紅酒，我猜想是我朋友的辦公室有幾瓶紅酒當裝飾，所以那業務以為我朋友很愛紅酒，也就沒有透過一些方法套話，一廂情願地就認為我朋友是紅酒愛好者。於是我打趣地問我朋友說，送你一瓶五百元醬油和一瓶五仟元紅酒你要哪一個，我朋友選擇醬油，因為他喜歡吃東西都沾醬油，我心中蠻同情那個業務，送那麼貴重的禮沒有達到效果就算了，還被人認為你不懂我，真是吃力不討好，要是他能事先打聽到我朋友愛的是醬油，其實送他高級醬油也不過一千左右，我朋友收禮會收得更開心的。

如何更了解對方呢？

人際關係的交往何嘗不是如此，給對方想要的，你的付出才會有價值，但是很多人會說，我要怎麼做才能知道對方需求的是什麼？期待的是什麼？才能達到「送禮送到心坎裡」、「雪中送炭」的效果，以下提供幾個還不錯的方法與大家分享：

直接問

以我朋友的例子來說，如果你是那名業務員，你可以直接問：「王董事長，請問您最愛的食物是什麼呢？」這種單刀直入的方式也不錯！缺點是會有些老闆覺得你不夠用心，但是對直來直往個性的老闆卻很吃這一套可以直接詢問無妨，這個方法最不會出錯，爾後送禮就能有所依據。

旁敲側擊

不直接詢問，而是問對方平常喜歡的休閒活動，最常吃些什麼等等，請問他你要送人禮品的話要送什麼禮品比較好呢？類似這樣的旁敲側擊，可以讓他講出他喜歡的送禮項目或方式。你也可以這樣問：「× 老闆，假設有廠商送您紅酒的話您覺得如何呢？因為我在幫公司調查過年的禮品。」這種假設法對方會認為你只是在詢問統計意見而已，進而你也可以問他：「如果公司要送您禮品，您會比較喜歡哪些禮品呢？」

經驗觀察

培養觀察力，因為這是可以讓人感覺到最貼心的做法，通過後天來訓練敏銳的觀察力學習有效地進行觀察，讓觀察變成一種生活方式，並擴大你的觀察範圍，有些人的觀察視野很狹窄，他們只看見眼前的事物，那些事物幾乎也就是他們所認為的世界的樣子。然而有些人的視野則更為廣闊，並且能夠把觀察到的地方擴大。顯然，觀察視野越廣闊越好。寬廣的視野可以增加你看見事物的機會，並獲得更多的訊息，如：可以透過他的好友觀察他喜歡什麼類型的人；透過他辦公室的風格來了解他的喜好偏向；透過他與人的互動，了解到他的性格……等。不然你可能會錯過這種機會並失去這些訊息，讓觀察成為你生活的一部分，並且持續操練，不停地透過觀察力的遊戲來提高自己的觀察力是可行和高效的途徑。

詢問周邊的人

這一點是不錯，但是要加上自己觀察和問對人，如果問的是對方董事長的秘書基本上是對的，但是你去問的對象有可能他也是猜測的，建議你可以多問幾個人，再交叉比對一下，這樣才可以綜合出正確的資訊。

Chapter 4

如何每天認識新朋友

1 善用空檔時間交朋友

不論是在上下班通勤時或是在閒暇之虞，你可以觀察看看大多數人，肯定都是低頭滑著手機，傳 LINE 等訊息、看 Facebook 傳遞的各項訊息，深怕沒有看到朋友打卡的訊息，不可否認地智慧型手機帶給我們極大的方便，但它也無形地制約我們的日常生活。請問你是不是——早上一起床第一時間不是去梳洗，而是拿起手機看看 LINE、臉書、玩遊戲或是其他的 APP，從早上起床到睡覺前你碰手機的時間應該是最多，有一款 APP 可以記錄你看手機的時間，有興趣的朋友可以去測看看你到底花多少時間在手機上，可以說我們是活在手機桎梏的無形陰影下，在每一個裝忙的低頭中，無形間也失去真我，我不是要你遠離手機，因為連我自己都做不到，而是在有機會可以認識新朋友的時候放下手機，認認真真觀察周遭環境。

我知道有些人包括我一樣，在臉書的朋友都有幾千人，但是絕大部分都沒有見過面，也不知道是不是為了要賣我產品而加我。請放下滑臉書的時間，把滑手機安排在只有一個人獨處的時候，有機會認識新朋友時，你就應該積極、認真地去認識新朋友。

去年我有一個目標，就是每一天認識一個真實聊過天的朋友，而不是臉書按加入好友或是接受好友就可以變好友的功能，因此只要有認識新朋友，我就盡可能地與他拍張合照，這樣一來我才會記得新朋友的長相；二來我可以藉此跟他加 LINE、臉書或其他聯繫管道。而且我會把他跟我的照片發在臉書上，但是我設定只有我看的權限，因為我的目的不是要我的朋友圈看到我交了多少朋友，而是用來紀錄、提醒、監督自我每天的行動，以防自己因為偷懶而懈怠。

一開始我有這想法其實是來自「自覺」，我發現在一天的各個階段，例如，吃飯、走路、運動、聊天、聚會，幾乎所有的活動都與手機脫離不了關係，而這些時間都是可以認識陌生人、開拓眼界的機會，卻被手機占用走，認識陌生人有趣的地方在於，你不知道對方的背景，所以你不會有所顧忌，我的意思是如果你知道對方是一位某上市公司的董事長或是某政府單位的高官，這時候你反而會蹩手蹩腳地不敢去主動認識。

一開始實行這項計畫時，會感到緊張且猶豫、心跳加速，內心還會出現「我幹嘛要這樣做？有必要繼續下去嗎？」的 OS，但是我跟自己說我要踏出舒適圈，我也已經做好決定每天認識一個陌生人，我要克服不存在且看不見的恐懼，真真實實地面對陌生人，害怕被別人拒絕的恐懼，只不過是大腦擔心我們內心受傷，而編出來一堆可怕的畫面而已，如果一直讓自己活在自我侷限的壓力下，很多事情都無法跨出那一步，只有嘗試才知道結果。

如果你與陌生人搭話，對方覺得你很奇怪而對你說「不」的時候，那其實是很棒的經驗，因為你可以吸取經驗、幫助你克服任何消極的感覺，漸漸地，你對於外界的緊張感會消失。你必須接受拒絕，不要害怕，但要從中學習失敗的經驗，久了之後，光是挑比較有善意的陌生人搭訕的功力也會提升，這樣認識朋友的過程改變了我的想法，讓我變得更加積極、樂觀、充滿勇氣。

而每天固定認識新朋友的好處是，它能讓你了解不同的人生經驗，在這種情況下，總是會有許多意想不到的驚喜，我試過在不同的場合與情境下主動對陌生人攀談，並從中了解什麼樣的情況下是容易成功的、什麼是不 OK 的，這是一連串的嘗試、學習，當你持續這麼做，成功率就會越來越高。而真正願意跟我聊天的朋友，也都很支持我的計畫，甚至有幾個朋友也在學習我的目標，我們還會在 LINE 上彼此打氣。

有的人會問我什麼樣的人適合去搭訕，其實很難定義什麼樣的人、在什麼情況下適合主動搭訕。通常是在最自然共處的時刻，如一起坐捷運的時候、一起排隊、一同搭電梯、一起運動健身……都是不錯的時機點，你可以先開口說「你好，我可以問你一個問題嗎？」然後你向對方說明你的來意、每天的目標、以及你為什麼想要認識新朋友的初衷，並跟他們聊天，這時候重心就要擺在對方身上，試著去了解每一個人的經歷，你和對方可能只是三分鐘的簡單交談，但也有些朋友會與你暢聊，甚至一起用餐長達一小時，透過這樣的方式，你會發現這世界永遠比你想像的還有趣，有太多太多的人際關係值得你去發掘，最後並要求與對方合照，當然有時候會被拒絕，但是沒關係，你也別放在心上，有的時候，有些朋友會說你不可能跟每一個人都保持聯絡，這沒有錯，但是我的重點是我得到了什麼，當下我得到了：「克服恐懼的勇氣」、「搭訕的經驗」、「與對方分享人生的經驗」、「離開舒適圈的那一步」……這些是我得到的，的確每天都要認識新朋友，這是十分不容易的，特別是你要經歷各種不同的拒絕、懷疑、藐視。不過，我也真正的離開了我的舒適圈，各種的拒絕、冷漠、熱情讓我對人生有更多的體悟，這些元素都是我成長的養分，與大家共勉之。

2 主動出擊＋馬上行動

我曾經因投資失利而損失上千萬，當時想在短時間內就把失去的錢賺回來，我評估了一下，以自己目前從事的保險業是沒有辦法讓我在短期內賺回失去的錢，於是我主動出擊地去尋找機會，一開始我知道我必須去學習，所以我報名許多國內外大師的課程，希望在其中可以找尋到一些機會。

就在一次新北市板橋舉辦的一場多元收入的演講，在那一場演講中我認識了現在我的師父——王擎天董事長，那一場演講他分享了他人生成功的四桶金，我聽完後茅塞頓開立刻換一個腦袋，於是我馬上行動去附近提款機領了七萬九千元，加入王董事長創辦的「王道增智會」（聽王博士說道理可以增加智慧），最主要的目的其實不是學習課程（想到才會做到），而是與王董事長發生關係，成為他的會員，之後也上了王董事長很多的課程，結交到更多的人脈。

今年王董事長開始進行退休計畫，開始招收弟子，第一時間我也馬上行動加入弟子，成為王董事長的弟子，最後還睡了王董事長（出去玩住同一房間），關係更加密切，2017 年王董事長舉辦的世華八大明師，因為有缺主持人，我主動出擊毛遂自薦，所以就擔任 2017 世華八大明師的總主持人，之後因為我表現得還不錯，受到王董事長的青睞與栽培，接下王董事長培訓事業的棒子，成為他的接班人，更成為 2018 年亞洲八大名師的其中一名講師，也才有機會出這本書，所以主動出擊，馬上行動，主動追求你要的人脈，想辦法接近他，並與他發生關係（我和王董一開始是師生關係），而且這一切不光光是主動出擊這樣就好，你還要馬上行動，因為想要成功的人很多，你行動晚了，機會或許就是別人的，「主動出擊＋馬上行動」才是關鍵。

所以現在請你闔上這本書，拿出筆和紙，寫下你最想認識的一個人脈，一開始不要寫難度太高的，如郭台銘等名人，你可以寫公司的總經理、客戶的主管、星巴克漂亮的服務員、同事帥氣的哥哥，總之這些人在你生活中是可以碰到的，不是出現在電視上或網路上那些遙不可及的人，並且寫下三個可以跟他發生關係的行動方案，最後，請你現在馬上、立刻去行動，成功的話恭喜你，失敗的話也恭喜你，因為你已踏出成功的第一步。

重點不是成功或失敗，而是去做的感覺，並且讓那常常騙你並充滿謊言的大腦，給他一個教訓，跟大腦說我可以承受這失敗的結果，讓自己覺得不舒服，並且接受它，做完一個人脈三個行動方案一個結果，再繼續讀下去。

緣故陌生化，陌生緣故化

刺猬是一種全身披著刺的針毛動物。這種動物通常群體而居，自成一個小團體。西方有一種刺猬定律：每當天氣寒冷的時候，刺猬被凍得渾身發抖？為了取暖，它們會彼此靠攏在一起，但是它們之間會始終保持著一定的距離。原來，如果相互距離太近，刺猬身上的刺就會刺傷對方，但如果距離太遠的話，又達不到相互取暖的效果。於是刺猬們找到了一個適中的距離，既可以相互取暖，又不會被彼此刺傷。

在職場上，也有所謂「刺猬理論」，我們稱它為人際交往中的「心理距離效應」。在人際交往中，人際關係的距離並不是越近越好，「距離產生美」，所以不要時時刻刻把自己的透明度設置為百分之百，要懂得運用距離效應。

許多人交友都會陷入一個錯誤的觀念。他們認為好朋友之間無須講究客套，講究客套太拘束、太見外了，這樣的觀念完全錯誤，好朋友之間也應當注意保持距離，朋友間相處，也需要有一些空間，太過親近，不小心忘了分寸，口無遮攔，會造成彼此之間關係緊張，另外，大家來自不同的環境，接受過不同的教育，時間一長，即使再親近的朋友，也難免會有摩擦或小口角。人的感情是很奇妙的，太過疏遠難免淡漠，太過親密難免疲憊，只有保持適中的距離，才能維持新鮮感，就算是關係最親密的夫妻，相處的時候也需要有些距離，要有屬於個人的空間，距離是一種美，也是一種保護，感情容易滋養人心，也會輕易傷害人心，不管是血濃於水的親情，還是海誓山盟的愛情，都可能在不經意間刺傷對方，留出距離就是給彼此的感情騰出一個足以盛放的空間。為何有朋自遠方來不亦悅乎？遠方的距離造成了更多的嚮往和更多的牽掛，距離太近可能換來的是更多的摩擦。

「緣故陌生化，陌生緣故化」這句話做保險的朋友應該常常聽到，它的意思其實很簡單，就是自己的親朋好友，相處起來要用陌生人的方式去對待，剛認識的陌生朋友要猶如好朋友一樣的對待，因為我們常常對待很熟的朋友失去了界線，有時候超過了份際卻不自覺，這樣會讓對方很不舒服，自己卻渾然不覺，因為我們人相處久了很多事情會認為理所當然，就失去了尊重，最後漸行漸遠。你還在奇怪為什麼他都不理你，你也不爽他這樣，於是你們就從此不相往來了，全部是因為沒有保持界線的關係。

朋友舉辦生日派對。

至於陌生人的朋友一開始過於客氣，你和他的距離感覺會拉得很遠，透過你和親朋好友的相處模式去應對進退，這樣可以快速拉近你們之間的信賴度，這也是最基本拉近關係的方法。

4 放開一點

人的性格分類分成 DISC 四種性格，有支配型（Dominace）、有影響型（Influcens）、有穩健型（Steadiness）、有分析型（Conscientiousness），其中 I 型性格的人屬於熱情愛表現、專注於人際互動、善於運用群眾魅力、富創意，這些特質在人際互動中是比較吃香的，但是這不是絕對的，每一個類型都有他各自的優缺點，因為這一篇的主題著重在「放開」，所以才會針對 I 有影響型（Influcens）的優點拿出來說，那屬於其他類型的朋友，你必須要讓自己放開一點，主動去接觸人群。

我之前從事保險業的時候，有一位客戶生日的時候，我去 85 度 C 去買一個蛋糕，然後去客戶的公司，因為他們公司在一棟綜合型大樓的五樓，一般業務送客戶蛋糕的做法不是放在櫃台就是親自交給客戶本人，然後講一些祝福的話就離開了。而我不是，我是在一樓電梯的時候，就把蛋糕拆封，插上蠟燭，點上燭火，然後從五樓電梯口端著蛋糕慢慢走去客戶的辦公室，途中會經過櫃台、辦公室、會議室最後到他的辦公室，一到辦公室就開始唱生日快樂歌，這時候辦公室裡的所有人都看到了，紛紛討論這傢伙是誰啊？這麼大的膽？於是我客戶從他辦公司走出來看到我端著蛋糕，唱著生日快樂歌，旁邊的同事也湊熱鬧的一起唱，最後吹蠟燭把蛋糕分給現場所有的同事，我

的客戶則拍我的背說：「幹嘛這樣大費周章呢？真是謝謝你了！」但是，從我送蛋糕的過程中，我可以感受到他開心的樣子，從踏進他的公司到離開，也不過半小時左右，其實跟一般人送蛋糕過去閒聊一下的時間差不多，我們花的錢也一樣，路程一樣，心意一樣，目的一樣，但是給客戶的感受卻完全不一樣，給他辦公室同仁的感受也不同。在我離開之後聽我客戶說，他跟同事們說我是他的保險業務員，他們全部都難以置信，都說自己的保險業務員怎麼都沒有做到這樣的貼心，於是那個星期我的慶生舉動傳遍了整棟大樓，連其他公司也都耳聞了這件事情，這時候我取得我客戶的強烈信賴感，以及他身邊同事的好感，連同棟樓的其他公司，沒看到只聽到這件事的人的好印象也一併捕獲了。

放開自己上台表演。

所以，有時候所有成本一樣，但是我的表現方式放開點，那結果就大大不同，當然不是所客戶都喜歡這套，還要靠你平常的觀察紀錄，有I型性格特質的人會比較，所以DISC有機會去學習一下，對你人際關係會有幫助的，我鼓勵比較害羞內向的朋友，練習把自己放開一點，慢慢練習，這也是踏出舒適圈的一個方式。

5 擴大社交圈

我相信超過一半的朋友，從學校出社會後都沒有參加過任何社團，舉凡獅子會、青商會、扶輪社、同濟會、登山社、羽球社、讀書會等等，凡是社會人士組成的都算，我建議可以的話，四大社團（獅子會、青商會、扶輪社、同濟會）至少找一個社團加入，我本身也是透過加入獅子會後才打開我對社團的視野。

還記得我說過「想要才會得到」的理論嗎？我記得那時候我在保險業服務，我一直對社團充滿了好奇，直到一位好友的媽媽（徐碧燕女士）是獅子會 300G1 區的公關長，我跟她提過我有興趣參與獅子會，有一天她打電話來邀請我加入，進而當選苗栗縣玉豐獅子會 1516 十八屆會長一職，就此打開我的視野，也認識許多好友，也感謝在我當會長那段期間，會裡的戴美玉前總監的教導，也感謝當屆的總監黃錫峰總監的提攜，讓我參予全國獅子會講師的訓練，奠定我在培訓業的基礎。有的人會認為加入好像都是在吃喝玩樂、都要喝酒、要花很多錢其實不然，這邊就不詳加說明。建議大家可以先去了解或是網路爬文，我的重點是去參加社團其實就是可以馬上跨領域的一個方法，還記得之前我有給大家建議，可以的話盡量不要結交都是相同領域的朋友，盡量跨足各個領域。因為你不知道人生的貴人可能就會出現在某一個領域裡面，加上你在同領域遇上的都是跟差不多自己層級的人，不太可能會跟更高階或是老闆混在一起，但是去參加社團就不同，之前我朋友在園區工作，有一個客戶他是工程師，因為他喜歡打羽毛球，經常去羽球館打球，他還參加

獅子會的聚會

一個羽球社，每週固定聚會打球一次，經過三四個月後才知道裡面臥虎藏龍，有一個是設備供應商的老闆，兩名台積電的員工，一個是研發的處長，一個是製造部的經理，有一個是餐廳老闆，有一個女生她老公是議員，還有一個檢察官，我那位客戶是一間做晶圓的公司，他是裡面負責顧機台的工程師，在公司只能跟他同類型工作的同事、主管互動，但是現在透過羽球社，卻可以認識那麼多不同行業的翹楚，其實這樣開發人脈也很有趣，因為你也不知道你加入之後會遇上誰，但是貴人就在身邊，關鍵是要用心去找，所以請擴大你的交友圈吧！

迅速擴大你交友圈的四大方法

1、透過轉介紹，擴展你的人際關係

根據美國人力資源管理協會與《華爾街日報》共同針對人力資源主管與求職者所進行的一項調查顯示，九成五以上的人力資源主管或求職者透過人脈關係找到了適合的人才或工作，而且也有超過六成的人力資源主管及求職者認為，這是最有效的方式。

在中國大陸也曾經做過一項「最有效的求職途徑」民意調查，其中「熟人介紹」被列為第二大有效方法。所以，根據自己的人脈發展規劃，可以列出需要開發的人脈物件所在的領域，然後，就可以從你身邊的熟人幫助尋找或介紹你所希望認識的人脈目標，創造機會。

2、學會把握機會，處處是機會

想要創富成功，一定要善於學會把握機會，抓住一切機會去培育人脈資源與關係。舉例來說，參加婚宴，你可以提早到現場，那是認識更多陌生人的機會；參加演講、課程等活動，要抓住機會多與他人交換名片，利用休息時間找人多聊聊，而這過程中，態度與言語的拿捏十分重要。

3、加入專業社團

想要擴展公司、單位以外的人脈，擴大交友範圍，可以透過社團活動來開拓來你的人脈。在平常，若太過主動接近陌生人，因對方無從得知你的企圖，容易引起對方反感而被拒絕。但是透過參與社團活動，人與人的交往將更加順利，能在自然狀態下與他人建立互動關係，擴展自己的人脈網路。而且人與人的交往，在自然的情況下發生，往往有助於建立彼此間的情感和信任。如果參加某個社團組織，最好能成為幹部，如：理事長、會長、祕書長……，這麼做並非是要謀求權力，而是如此就得到了一個服務他人的機會，在為他人服務的過程中，自然就增加了與他人聯繫、交流與了解的時間與機會，人脈網路也就在自然而然中拓展開來。

4、塑造個人形象

沒有人會一開始就知道你的實際價值，人們只能透過你的外在形象來認識你，你是不是經常抱怨人們不知道你的真實能力，而不願意給你機會呢？

是的，在別人眼裡的價值，是你的形象價值，永遠不要期望他們知道你的真實價值，一個人的能力要麼被低估，要麼被高估，大多數人的能力都被低估了，想被更多的人認可，那就提高自己的形象價值，你的形象價值提高了，更容易讓伯樂和你接觸，人脈自然就來了。

我們玉豐獅子會。

因此你要有意無意地引導別人記住並傳播你的核心價值，記住，你是一個品牌，品牌要有自己的核心價值，才能被對方所認可，而你也需要不斷地打造並傳播自己的核心形象。當他們有某個方面的需求時，就會在第一時間想到你，有價值，你就有人脈。

6 做個會打破僵局的人

「化危機於轉機」，利用尷尬變成你的優勢，尷尬是一種讓人不知所措的狀態，但是尷尬最大的特色是，無論你打破尷尬是用什麼樣的方式，打破的結果都會比尷尬本身都還要好，因為尷尬的本身讓人很不安，回想你身處尷尬的當下，是不是感覺度日如年，很想時間趕快過去，但是偏偏這時候時間又過得特別久，其實這時候的尷尬是一個可以好好利用的絕佳機會，為什麼呢？

因為在那樣尷尬的境地下能帶領大家打破僵局的那個人，會讓在場的人很自然而然地跟隨他。還記得大學有一次舉辦聯誼聚會，有十二個男生，九個女生一同出去玩，中午大家一起去餐聽用餐，餐廳在五樓必須搭電梯，還記得那個電梯大約可以塞十人左右，於是我們一群人分兩批上樓，第一批全部擠進去的時候，正準備要關門時，突然後方有一個中年人硬擠了進來，這時候電梯發出警示聲響，但是那中年男子卻若無其事的好像不關他的事，因為電梯超載了也關不上門，一群人就僵在那邊，也沒有人敢去勸那中年男子，大約過了十秒鐘左右，有一位胖胖的同學就說：「我出去好了，我爬樓梯減肥。」這時候那中年男子才意會過來是他造成超載，他說聲「拍勢ㄟ」就出去了。這時大家對那打破尷尬的同學投以感謝的眼神。之後用餐的時候，原本大家聚會時那名胖胖的同學都是默默在旁邊吃東西的一員，今天身邊卻圍滿了聯誼的女生，三不五時討論說他人很好、會為他人想、很幽默等等的話題，下午的行程他身邊總有兩三個女生圍著他說話，這都是因為他那時候打破了讓人不知所措的狀態。

又例如摩西的故事，摩西率領猶太人逃離埃及時，上帝讓紅海一分為二，被喻為最壯觀的神蹟之一，他帶領猶太人在那種未知徬徨的情況中離開了埃及，而帶領我們離開未知狀況的人呢？往往會受到我們景仰而跟隨他。我們可以在現實生活中運用這個道理，也就是說雙方都處於一種曖昧不明、尷尬的情況下，先打破尷尬、給予方向感或先解決未知狀況的那個人，他就能掌握優勢、掌握主導權。

想像一下你平常坐電梯上樓回家的時候，碰到了一起上樓的鄰居，你們平常也不聊天，也沒有什麼談話的機會，卻要搭同一部電梯到二十樓，然後這電梯又非常的慢，在這過程中如果你主動開了一個話題，例如聊聊今天的天氣很不錯，不會太熱也不會太冷剛剛好的天氣等等，重點是你先開了一個話題之後，對方基本上都會順著你的話題去延伸，不會故意打槍，或反駁你、不理你，因為你在當下幫助他打破了那種未知的尷尬的情況，等於是你給了一個話題、提供一個方向，他自然而然就會跟隨你，與你變成朋友的機會就提高了。因為對他來說未知是不好的，尷尬對我們來說是一種壓力，對對方來說當然也是一種壓力，所以你給對方一個窗口幫他開了一條路，讓你們倆一起走出這個尷尬狀況，你就可以控制這個局面。

簡單來說利用尷尬去打破尷尬的人，就能成為主導者，所以，如果主宰這個情況的人，他的方向是往好的方向走，後續也會往好的方向去，反過來說，要是他往壞的方向導的話，後續當然也會往壞的地方發展。打破尷尬時候用一種善意的回應，是最好的一個方式，因為你給對方一個善意的回應，對方也會回饋給你一個善意的回應，這樣就夠了。因為我們的目標是要打破尷尬，如果你可以利用這個機會，甚至你可以認識你生活中平常不可能認識到的人，你平常可能只是因為尷尬而沒機會和他們對話，最後發現這樣對話的過程讓你得到很多的好處，你可以想想看在職場或是生活中，有哪些人是你很怕碰到的人，因為你覺得碰到這些人會很尷尬，你就可以利用這尷尬的場景好讓你反過來控制局面。

我有一個朋友住在台北大安區，他都會很主動跟鄰居打招呼，於是他跟鄰居都很相熟，因為我朋友在社區沒有車位，必須停在離社區有一段距離的停車場，於是有位鄰居家中的停車位有多而且鮮少用到，就提議他可以把車子直接停在社區的停車位，所以主動打破尷尬，釋出善意的人，會在人生中獲得很多很好的機會和結交到許多朋友。

不要害怕尷尬，下一次不論是在電梯裡面，遇到不認識的陌生人，在公司餐廳遇到老闆或是在路上遇到前男（女）友，都不要害怕，主動跟他打招呼，主動地把對話引導到好的方向，會有意想不到的好結果發生的。

有時候我們會和好朋友因為一些事情起衝突而冷戰，有時會長達一個月或是幾個月甚至不連絡了，見到對方也當作沒看到，這也是某種的尷尬情況，因為你不是不願意跟這個朋友復合，而是你不知道怎麼處理這的狀況，但是如果你主動去打破這個尷尬，你就能掌控這個局面的，如果你珍惜這個朋友的話，這是一個很好的機會，如果你釋出善意了，但對方堅持不買單，其實對你來說也沒有什麼損失，因為你和他原本就是不聯絡的狀態，也能因此看清這個朋友不值得深交了。如此一來，你也不會再像之前一樣尷尬到不知所措，

上台打破尷尬贏得掌聲。

因為你已經知道答案了。不過大部分都會有好的回應，你一旦控制這局面並且把回應往好的地方引導，回到你們之前可以互相關心、互相對話的相處模式，那你也可以知道這個朋友是可以珍惜的，有句話說不打不相識，重點是一定要有人先釋出善意，讓這尷尬的僵局被打破，所以不論是好的回應或是壞的回應，打破尷尬都是最好的決定。現在立刻把書本合起來，想想有哪些人因為尷尬而不連絡了，馬上去釋出你的善意吧！也許就會有意想不到的「好事」發生。

7 如何讓他人喜歡你

以前我還蠻喜歡釣魚的，有時候若是去比較遠的地方釣魚就會在那邊待上一整天，順便享受一下大自然，帶著自己喜歡吃的美食，例如甜甜圈、漢堡、巧克力、披薩等等，有次我竟然忘記帶到魚餌，這個失誤突然讓我有個體悟，以我自己來說，我喜歡吃漢堡和巧克力，可是我不能拿漢堡和巧克力去釣魚，因為水裡的魚只愛吃小蟲，魚餌必須是那些魚所需要的，在釣鉤上鉤一條小蟲或是一隻蚱蜢，放下水裡等待魚兒上鉤，我必須給魚兒愛吃的牠們才會上鉤，如果勾上漢堡牠們鐵定不會有興趣，更別指望釣到魚了，那我們為什麼不用同樣的道理，去「釣」一個人呢？

所以弄清楚下列兩個問題對你的銷售和人際關係很重要。

- 人際銷售流程中你要銷售的是什麼？
- 人際買賣過程中對方要買的是什麼？

答案是你自己，即使您的公司是一流的！產品也是一流的！服務更是一流的！但您的人是三流的，還講著外行話，這樣的你能成交嗎？所以，佛要金裝，人要衣裝，你必須要把自己內外在都要提升到至少門當戶對。你要跟一群工地的朋友交朋友，總不能穿西裝打領帶地去找他們談天說地吧？！你要向上市公司的主管們做簡報，不能只穿一套輕便的服裝就上場吧！因地制宜是最好的選擇，至於內在其實跟外在差不多，你跟什麼人在一起就是要談怎麼樣的話，也就是先調整頻率跟對方相近，之後再來做微調，如果你推銷的產品或服務不符合顧客心中的想法，怎麼辦？那就改變顧客的觀念！或者，配合顧客的觀念！中國字很有意思，買賣這個「賣」字上面有一個士，古代的士大夫也是辦教育的，所以要賣之前一定要先教育客戶，先跟客戶說明你的產品為什麼值得這個價格、為什麼值得客戶買。

交朋友也是一樣的，要跟朋友說明你的資源有哪些，為什麼你們可以當好朋友，互相有哪些條件可以幫助彼此。

至於為什麼客戶會買？是因為我們給了他一個理由，一個夢想！當客戶還沒有得到商品時，他會想像使用商品後的改變，客戶會如何想像？那自然就看怎麼引導了，你給客戶的想像，能讓客戶確認價值，然後提出價格，只要價值遠大於價格，客戶就會買單了。

請問，一款高檔奢侈品若是擺在菜市場的地攤上，您會買嗎？該款奢侈品雖然在高檔百貨精品店販售，但銷售人員不尊重你，你會買嗎？所以，營造好的氛圍與感覺，為顧客找到理由，就絕對成交了！

交朋友也是一樣，你為他找到一個跟你交朋友的理由，你就絕對跟這個人當好朋友了，還有一點很重要交朋友在於「確定的感覺」，也就是你把對方當作真心的朋友，對你而言，信心就是「確定的感覺」之表徵！然後感染對方！然後交往！信心的再昇華就是信仰！

8 跟進的重要

通常在我們和朋友、客戶交換名片，有了初步的聊天互動，接下來最重要的工作就是「跟進」。

什麼是跟進？字面上來看就是他跟著他前進，也就是說怎麼跟他有互動。根據資料統計初步認識、交換名片後，四十八小時內若是沒有跟他聯絡，他大概就對你沒什麼印象了，尤其是人比較多的場合，所以跟進就非常關鍵了。所以我定義跟進是，見面後在後續的時間上是有互動的。

很多人都會忽略跟進的重要性，在我多年的工作經驗中，有一個撇步想和大家分享，那就是——每次見面，先約好下次的見面時間，然後到約會前一兩天再去確認，這樣會比較少出現變化或取消這類事情。主動提醒對方也能表現出你對這次約會的重視，更重要的是事情不跟進是不會有進展的。

做銷售的朋友都知道一個規律，很少有第一次見面就成交的客戶，90% 以上的客戶都是在你不斷地跟進中對你產生了信任才會購買你的產品，所以，人際的交往也是一樣的，很少有人第一次見面就與你變成無所不聊的好友，都是經過幾次見面、接觸、溝通才慢慢了解對方，最終變成好友。如何有效地跟進人脈尤為重要，恰當的跟進方案和技巧是提高信任度的重要方法，跟進的技巧有哪些呢？

- 一旦跟這位朋友聊得來，一定要跟緊，但是不要讓對方有被騷擾的感覺，這中間的分寸要拿捏好，可具體根據對方的興趣來跟進，對方個性屬於有效率者就要跟上他的速度；對方有疑心病或慢郎中型，就不能太心急，而是要多幾次的 LINE 互動再找機會約見面。在第一步之後你就可以開始做分級的動作，A 級：人好相處、對我有立即性的幫助、聊得來、不需另外花時間經營等等；B 級：沒有特別不好相處、他可能有我需要資源、跟他相處有點累等等；C 級：人不好相處、做人浮誇、個性不好等等；D 級：就是不會想見到他的人。做好分類分級後，回家或回公司後再利用電腦整理這些資訊，就可以一目瞭然。

- 對你的朋友目前的現況和需求了解得越多，對於你後期建立信任感就越有利。比如：對方的深層次需求？對方現在的經濟情況？對方在公司是做哪個職位？希望怎麼發展？對方目前面臨的問題有哪些？
- 和對方成為朋友並信任你，不僅有利於商機，也能為自己擴大人脈圈做下極好的鋪墊，總之，跟進要有計畫，有效果的跟進，因為你的每一次有效的跟進都在為最終成交加分。

在職場生意上不同類型客戶的跟進技巧

➢**需求明顯，意向高的客戶**：此類客戶成交周期短，必須高度關注，要積極地電話跟進、溝通，取得客戶的信任後，快速進行成交環節。

➢**猶豫不決的客戶**：成交周期稍長一些，要做的就是溝通、聯絡感情，不要過多地推銷產品，業務人員要使用不同的策略，切忌電話接通後立即向對方推銷產品，而是要與對方溝通，再一次拉近和客戶的距離，通過每一次的電話溝通，清楚客戶的意向，設定好成交的時間，並在此期間做好跟進。

➢**明確近期不會購買的客戶**：此類客戶中也有成交的機會，重點在於業務人員能否給客戶設計好成交方案，讓客戶想買產品的時候能夠第一想到你，對待此類客戶需建立良好的關係，與客戶隨時保持聯絡。

➢**明確拒絕的客戶**：此類客戶一般態度比較強硬，業務人員做好關係不惡化就好。

➢**已經報價過卻沒有回覆的客戶**：此類客戶可以利用 LINE 交流，也可以電話跟進報價後的效果，了解客戶對產品的疑慮，一一進行解答，解除客戶的疑慮，著重根據客戶的疑慮來介紹產品的優點和同行產品的不同之處和提供優惠方案等，讓客戶覺得物有所值。切記一定要對客戶有更好的服務和更高的產品品質，才能打消客戶的疑慮進行成交。

向憲哥學習。

客戶跟進要注意頻率與效率，作為業務員跟進的時候不能讓客戶對你覺得厭煩。要與客戶交朋友，要讓他信任你。

9 善用科技產品

現代人生活早已離不開手機，甚至無時無刻想到，就要滑一下手機。因為手機可以辦到的事情實在太多了，舉凡通訊、照相、玩遊戲、購物都可在手機上完成，以前電腦會挑花生，現在手機可以交朋友。社群是手機上最常使用的功能，也是低頭族最常會用的軟體之一，除了最常用的幾個社群網路，臉書、LINE、微信、微博，還發展出許多新應用，交新朋友的 Apps。

Facebook

Facebook 的興起，改變了人與人的溝通、分享和娛樂模式。那些近況、感情、工作、趣事，Facebook 上都能清楚看到，所以那種距離感、期待感、神秘感都被 Facebook 一掃而空，而目前的社交圈大概有一半以上的時間，都是靠 Facebook 維繫。

Facebook 最迷人之處就是按「讚」這個按鈕，當你按「讚」時，就表示你看過、喜歡、感同身受、推薦對方這篇訊息，雖然只需要花你一秒鐘的小小動作，而且不用花錢，卻代表著一個正面的回應；相對的，對方有時也會禮尚往來，也幫你按個「讚」，於是兩人之間的距離就莫名更近了。所以，根據統計，全球每天平均新產生六千五百萬個「讚」，每二十分鐘就有七百六十萬個粉絲專頁被按「讚」。

所以我建議要經營人脈的朋友們，一定要做以下幾件事情：

發文：

首先，如果你有鎖定的人脈群，你要針對你想經營的人脈群發表適當的文章，或是選擇安全的貼文，如正面的文章、好笑的笑話、聚餐打卡、健康的資訊等。

你必須兩三天就發一篇文章，目的是常常出現在朋友的臉書以增加曝光度，文章不一定是你自己寫的，你可以分享你覺得不錯的文章，目的只是讓大家知道你還活著，刷刷存在感。有時候我們好友上千，按讚的人數或許不多，但是不代表沒有人看，很多是潛水的朋友，有幾次聚會我發現有些人很了解我現在在做什麼，一問之下原來他們都有關注我的臉書，卻沒有按讚的習慣，所以不要以為只有按讚的那幾個人有在關注你。

按讚：

我有時候不太能理解有些人對按讚的數量很在意，說到按讚數，男生永遠別想跟女生比，我們永遠比不上。我曾經看過幾次女生只發文一個「餓」就超過一千個讚，我們嘔心瀝血地發表一些自己認為有意義的文章或好笑的笑話，大概最多就是那個「餓」的按讚數字的十分之一吧！

按讚這動作其實有時挺重要的，它代表的是你看過我的分享，代表你重視我，所以你把我當朋友，我也要把你當朋友，所以按讚＝好友才會做的行為，但是我們有時候懶到按馬桶的時間都嫌久的時候，怎麼辦呢？還好現在有自動按讚的程式可以代勞，至於怎麼做，請網路爬文就能找到答案。

留言：

按讚固然很重要，但是我每次看到那一篇發文底下超過五十個人按讚，我心裡就在想對方會知道有你嗎？不知道有你的話那不是就做白工了，所以你可以更進階地在那篇文章下留言，通常留言的字數不用多，但是會有很大的好處，因為馬上在他的手機上就會跳出你有回覆的訊息，他也可以在你的留言下互動，回覆你的留言，這比按讚的曝光度來得高太多了。如果你覺得你不擅言語，或是跟對方不熟怕被打槍，那你可以在留言中不打文字，用貼圖或是圖片來表示你的關心，也比按讚好太多，但是別在對方留言的空間打廣告，或是行銷自己的知名度，這行為是非常惹人厭。還有別為了你的曝光度而去標註別人，就算對方是你的好友也一樣，你可以事先詢問對方加減可以，我所謂加減意思是還是不要，因為別人基於人情有時候會勉為其難地同意，但是心裡還是會不舒服。

塗鴉牆

個人檔案上的「塗鴉牆」，就好比你家的前院，這前院是每個路人經過都會看得到的，你可以讓它空盪盪的，也可以精心佈置，由你自行決定。如果一片空白，是不會有人注意到你，反之，若能精心佈置，一定能令人印象深刻。請建立完整個人資料：

A、姓名：Facebook 規定用戶要用本名，我建議用中文全名，而不要用英文名字，因為若用英文名字，別人比較搜尋不到你。

B、大頭貼：建議放看得出來是你個人的照片，以免當有人要搜尋你的名字時，出現好幾個同名同姓的人，若大頭貼看不出來是你本人，那就很難被搜尋到了。

C、個人資料：包含關於你、學經歷、基本資料、聯絡資訊等。這樣網友才會了解你。

粉絲專頁：

如今社群媒體已成為主流，很多人已經在經營自己的 Facebook 粉絲專頁來與粉絲更直接快速地對話與接觸，要在 Facebook 創建一個粉絲專頁，入門很簡單，真正有挑戰的則是在內容與經營，Facebook 優於官網的一個特性就是更新訊息很即時地讓粉絲知道，官網卻不行，官網儼然變成一個企業的名片，只能單向地把資訊呈現給對方，粉絲團是互動的可以透過消費者的留言去即時了解、回覆客戶需求，雖然我們不諱言地說，成立了粉絲專頁後，一定會期待粉絲數的成長，但別忘了，粉絲數雖然很需要，但對於經營企業社群平台來說，真正要被看重的仍是要以內容為主，等你經營出好名聲後，粉絲數自然就會成長。

懶人按讚軟體

市面上還有「幫你按讚」的軟體可以幫忙，有興趣的朋友可以去下載使用，很多人都有一個習慣，就是只要有動態，不管怎麼樣按讚就對了，因此有人把 Facebook 自動按讚軟體寫出來了，那自動按讚有什麼好處？其實除了爽度之外，如果你想提升自己臉書的按讚數，用這款自動按讚軟體，也能達到一些效益！我實驗過用了這款軟體後……很明顯地感受到我臉書的讚也跟著變多了，可能是台灣人的習慣就是，你幫我按讚，那我也要幫你按讚吧？！這款軟體不只可以幫你自動按讚，還可以自動回嘴、自動回戳、自動祝生日快樂，目前軟體還在持續開發中，說不定以後還有更多功能喔！

當我們 LINE 在一起

手機也能交朋友的溝通新模式，以趣味打破既定交友溝通形式，這是 LINE 成功的基礎。現在通訊軟體幾乎取代了電話，甚至也取代了人面對面的談話，以致於人際關係很多也是要靠 LINE 來維持，LINE 如果運用得好的話，其實對於人際關係的維持是非常好用的。LINE 的周邊 APP 也是很多，有幫你自動加不認識新朋友的 APP，也有自動幫你一一發文的 APP，以前業務員要陌生拜訪需要一一敲門或打電話，現在則是都可以交給 APP 處理。

發明 LINE 群組的功能真的是很神奇又好用，要經營人脈的朋友，你可以將你要經營的朋友，建立一個群組後，邀請他進來團隊群組（前面有提到團隊一起經營人脈），然後群組的人一起幫你經營人脈，例如團隊裡面的人會稱讚你、肯定你、推薦你，或是有正面積極的文章等等，並且可以舉辦活動，一定要有實體上的聚會，這樣群組的人才會比較有向心力，也比較容易形成團隊文化，一旦形成團隊文化，團員就不易跳槽。

微信、微博

英雄選擇戰場，如果你的戰場中國市場，那你一定要使用微信 & 微博，尤其是微信，微信是中國最早和最重要的通訊軟體，它是由中國的投資控股公司騰訊推出，騰訊也是世界最大的互聯網公司之一，微信擁有超過 10 億的註冊用戶，其中有 5.49 億活躍用戶，幾乎所有用戶都位於亞洲。作為對比，微信的活躍用戶僅比 Facebook Messenger 少 1.5 億，是日本 LINE 的 3 倍，韓國 Kakao 的 10 倍。

微信它並不是單純的通訊軟體，不只是一個即時訊息的應用，實際上，它還是一個入口，一個平台，這取決於你怎樣去看它，在即時訊息 APP 應用爆發的時代背景下，微信已經被人談論得夠多了，相關的文章也已經連篇累牘，但是在中國以外的地方，卻鮮有人真正理解，微信是如何運作，又是如何把無數公司都視為非常遙遠的理想——僅用一部手機便能掌控世界——變為現實的。目前，微信的一些最重要的特色功能，比如接入當地生活服務，在中國以外的地方都是沒有的，除了最基本的通訊功能，中國國內的用戶可以用微信叫計程車、叫外賣、給朋友轉帳、買電影票、玩小遊戲、辦理航班預約、追蹤健康數據、醫院掛號、查詢銀行帳戶、繳付水電費、收取優惠券、聽歌識曲、查詢圖書館藏書、認識附近的陌生人、追蹤明星動態、閱讀雜誌文章，甚至是向慈善機構捐款……等等，所有這些功能全部都可以透過微信辦到。

Google 行事曆

Google 行事曆是我很喜歡用的行事曆，以前習慣用筆記本來記錄預定事項，後來有幾次筆記本遺失，後面所有的行程都無從查起，Google 行事曆就不怕你手機遺失，因為只要你重新下載後登入，之

Chapter 5

善用人脈存摺逆轉勝

1 往更高分人脈前進

「四十歲以後靠人脈」這句話，我們常常聽到。道理說來簡單，真正實行起來是要費一番功夫和時間，Hands Up 創辦人洪大倫也在他的文章《一通電話的背後》裡面提到：「我之所以能用一通電話找到某些人，那都不是『人脈很廣』四個字這麼輕描淡寫就能帶過，背後必須有更多的付出與行動。你們不知道這背後得有多少次的彎腰、握手、噓寒問暖，更別提得有多少次的應酬、交陪、替對方擺平難事。在你們來看，我只要打一通電話就能解決，但事實上我有時候會選擇不打電話，而盡可能是靠自己來完成某些事，這是因為要考量的層面有很多，不單單只是一通電話而已。」

付出才有收穫是人人都知道的事，但做起來就是不簡單。所以，每次有人問我經營人脈的問題，我都會請他換位思考，先想想自己能給人什麼樣的協助，而不是只想到自己可以獲得什麼好處，你下次再剛跟別人認識或和新朋友在寒暄時，你可以這樣問：「你有什麼需要我幫忙的？」、「你現在最需要的是什麼？」只要你是真心誠意地想幫忙，對方是會感覺得到的，即便你最後可能幫不上忙，對方聽在耳裡也會覺得很貼心。

我們選擇人脈的時候，第一請你選擇對的人，尤其當你還沒有強大的時候，因為這時候幾乎很多人都是不太理你的，你可以先從對你釋放出善意，本身就是個願意幫助別人、喜歡交朋友、樂觀積極進取的人下手，例如，我（自拍馬屁一下），或是你有對方想要的資源的人。

第二點很重要，你要去結交比你優秀的朋友，人通常不敢找比自己優秀的人交往，舉例，如果你是 70 分，你只敢找 70 分以下的人脈交往，於是你認識了一個 65 分的人，那 65 分的人背後，就只有 65 分以下的人脈群，可以成為你的人脈圈，所以你人脈圈的品質會不斷地往下掉，正確的做法應該是，找比自己優秀的人交往，但是不要一次找高於自己太多的人，你可以從 75 分開始，再來 80 → 84 → 90 → 93 → 95 → 99 → 100，不需要一步到位。

不必擔心沒辦法與比自己優秀的人交往，只要我們拿出真心，先付出去給予，真誠的關心雖然很重要，但是這種關心無法量化，也無法與對方發生關係，例如同學關係、師徒關係、生意夥伴關係，關係是你第一步往高分人脈前進的踏板，也是高分人際圈的柵欄，可以把你圍在他的範圍裡，對於結交高分的人脈，請先進行如下的心態建設。

對任何事都不設限

你永遠不知道下一秒會發生什麼事情，所以只要做好準備，其他的就大膽的去執行，偶而嘗試結交高端人脈，挑戰自己的膽量也不錯，說不定對方正好賞識你這一型的。

凡事不設限，有時候出奇不意反而能達到意想不到的效果，我有個朋友，他和他老婆的結合就是在於當初我朋友在交友心態上不設限的關係。在一次餐會中，當時還不是他老婆的她是一位女強人，因為公司在台灣成立新的據點而辦了一場酒會，特別邀請國內外的廠商和客戶來參加，當時還不是他老婆的「林總經理」是整個案子的負責人，在酒會開場時上台致詞，我的朋友被台上的她吸引，當初他只是覺得林總經理好厲害，因為那個產業領域很少有女生可以駕馭，於是我朋友鼓起勇氣主動上前自我介紹，並且表達敬佩之意，那場酒會後他們變成了好朋友，偶而傳傳訊息關心對方，慢慢地愛情的幼苗就在彼此心中發芽，進而交往最後走向紅毯的另一端。我在一次的聚會中問他老婆說：「當初你們的身分差那麼多，（一個是台灣區的總經理，一個只是一家代理商的業務），你怎麼會理睬我朋友呢？」他老婆回答我說：「因為他是第一位主動上來要認識我的業務人員，我對他的勇氣感到欽佩，所以我才會留私人的聯絡方式給他，之後他也很主動關心我工作上的壓力，才使得我漸漸打開心房，接受了他。」

也就是說如果當初我朋友覺得身為一間跨國企業的總經理是不可能理會他的，抱持這種心態而沒有上去主動認識、介紹自己，就不會有現在幸福的家庭。所以當你準備好的時候，就應該對凡事不設限，大膽地去執行你心中的想法吧！

自尊是成功的絆腳石

你是否常常覺得你自己不夠優秀，而不敢去認識比你能力強的人，人往往會因為一次成功的經驗，而緊緊抓著這一次經驗不肯放手，以致於遇到了不同的狀況，還是堅持使用同樣的方法去解決，下意識認為這樣做最安全、最穩當，最可以保住自己的名聲、地位和尊嚴，不至於砸了自己的招牌，甚至丟了飯碗、面子掃地。

只願意去看自己想看到的，只願意相信自己所相信的，豐富的工作經驗和人生閱歷反而會削弱了我們與生俱來的「直覺」，「自尊」就變成了拒絕變通的固執。而讓經驗和自尊成了主動出擊，認識高端人脈的絆腳石，讓我們在擁有豐富經驗的同時，卻喪失了前進的勇氣，這不是很可惜嗎？

一個能夠放下「自尊」去做事情的人，他看的是目標結果，然而過分強調自尊的人，在做事情的時候，總是希望有人陪自己做同樣的工作，這樣他才會覺得不那麼難堪，對於那些還停留在一窮二白階段，卻又無比渴望成功的人而言，說穿了那被過度強調的「自尊」就是阻礙其前進的最大絆腳石。如果你想得到你想要的，就請先放下無用的自尊。

李嘉誠說過這麼一段話——

當你放下面子賺錢的時候，說明你已經懂事了。

當你用錢賺回面子的時候，說明你已經成功了。

當你用面子賺錢的時候，說明你已經是人物了。

當你還停留在喝酒、吹牛，啥也不懂還裝懂，只愛面子的時候，說明你這輩子就只能這樣而已！

一個人越是百無一用的時候，越是會在意那無謂的自尊，處處都要表現出自己強大的自尊心。

這種自我陶醉似的自尊，不過是一種建立在不安全感之上的自卑感，更多的時候，能力和自尊要求是成反比的，尊重是隨著價值的提升而得到的。有個同事家的孩子，是典型的自尊心強烈型，堅持要當白領，寧可失業在家啃老，也不願做那些薪資並不低的勞動工作，認為做那些出賣苦力的工作很沒面子。家人好不容易托人幫他找了一份還算理想的工作，第二天就因為被同事嫌棄學歷低，覺得人家看不起他，就衝動辭職，至今也沒有一份正式的工作。

請認清楚人與人之間的巨大差距，這是很正常的。不要用我們之間是平等的這樣的鬼話來騙自己，也別去憤憤不平世界的不公，別指望別人用相同的態度來對待你，人和人之間的確有巨大差距，而且這種差距是有原因的，千萬別指望所有人都會熱心地對待你，還必須用你希望方式。

承受是成功的前提，曾經有一段關於馬雲的影片在網上瘋傳，1996 年，這個又矮又瘦的年輕人騎著自行車，挨家挨戶地推銷，大部分的人甚至連門都不開，鏡頭記錄下他曾經所有的窘迫與無奈，也見證了他許下的誓言，他說：「再過幾年，北京就不會這麼對我，再過幾年你們都會知道我是幹什麼的。」二十年後他做到了，這才是一個人真正的自尊，該求人的時候，把姿態放低，別以為一切都是天經地義，一個人經得起多大詆毀，熬得住多少苦難，才能擔得起多少讚美。

因為目標明確

因為知道自己要的是什麼，必要時請逼一下自己，大部分人無法獲得自己想要東西的原因，就是他們不知道為什麼想要這些東西。你的目標確實又明確的話，宇宙就會幫助你得到你想的，你目標越明確，得到的貴人幫助越多，並且越能支撐你想要的信念。世界潛能大師安東尼·羅賓說：「要有足夠的原因來支持你的信念，才能深植你的潛意識」。

貢獻自己所長

老天在創造你的時候，一定會給你一樣專長，如果沒有，不是老天沒給你，是你自己沒發現。

朋友圈裡面，每天都會發生大大小小的事情，你要是有心的話，你會發現很多朋友的事物，是在你能力範圍以內並且有能力幫忙的，有時只是舉手之勞。例如，在一次餐會上，有位新朋友說：「等一下我要回店裡去，因為裝潢的師傅要來找我簽約，我的店打算重新裝潢」，她還拿報價單給我們看，說現在的裝潢很貴，我一看就發現事有蹊蹺，因為我前陣子才幫朋友介紹了另一個裝潢師傅，所以那時候對裝潢的價格、施工都有一定的了解，我當然明白不要亂擋人財路的道理，但因為報價誇張了點，於是我提點了那朋友一些應注意的事項，並且傳給她網路上一些價格資訊，她半信半疑地回去簽約，結果她回去約兩三小時後就 LINE 我，要感謝我，請我吃飯，因為我提供的那些資料和該注意的點，讓她省下了五萬元，她很開心地說一定要請我吃飯。隔兩天我就跟她去吃夏慕尼，之後她也陸陸續續跟我討論她開店的相關事宜，也因為這樣我跟她的信賴感變得很深，當然之後也成為我的保險客戶，一樣的是，我只跟她談三分鐘保險她就買了。

有時候你的一個順水人情、舉手之勞的動作，對對方而言很可能是很大的一個幫助，要是對方對你的幫忙不領人情也沒關係，有時候只是時間還沒到，你心裡明白這是為自己播下善的種子，這種子長大的時候自然會庇蔭到自己。

除了要貢獻自己所長之外，還要向別人借他的優勢，去麻煩別人的所長，因為透過「借」他人所長，讓他跟你互動，請他幫你做他最擅長的事，因為每一個人都希望自己最擅長的事情被人看見，都希望自己的優勢有舞台可以發揮，當你請他幫你的時候，就修正了他對你這個人的看法，你又請他幫你做他擅長的事情，等於給他一個發揮的舞台，他的內心跟他的潛意識就開始對你萌生好感，開始對你釋放善意。

麻煩別人這件事，就像你要跟銀行建立好關係，希望貸款的時候可以談到比較好的條件，如果你從來不跟銀行借錢，你以為這樣就能累積好印象，是有加分效果的，但其實不然，當你向銀行申請貸款時就會發現，你根本不會有好的條件，因為銀行對你這個人不熟悉，因為沒有往來過，所以會給你的條件也不會好，只會先給你一般的。所以，我們麻煩別人如果麻煩的正是他擅長或是喜歡的事情，對他而言會有三個想法：

第一，還好這是我擅長的，別人要花很多時間我只要一下子。

第二，太好了！反正是我喜歡做的事情。

第三，終於有人看到我的優點了，我一定要好好幫他。

以上三點都是讓對方不至於認為這是個麻煩，麻煩了別人就跟別人有關係了，你也有藉口要還人情，一來一往這個「情」就產生了，友情、愛情有的時候不是都這麼來的嗎？

電視劇上不都是這樣演的？女主角特別會麻煩某一個男生，初期那男生對那女生是很反感的，逼不得已才幫她，最後女生覺得不好意思一直請男生幫忙，只好自立自強學會一切，之後沒有再找那男生幫忙，這時候男生心裡就覺得怪怪的，才發現自己愛上對方了，雖然有點狗血，但這就是麻煩的力量。

3 精準的人脈

我們每一個人都希望能認識很多的人脈，但是往往認識了一堆人脈卻不知道怎麼經營、不知道這些人脈對自己目前有什麼幫助和好處。於是像無頭蒼蠅般地到處參加聚會活動，最後弄得自己很累卻一無所獲，所以我們一開始就要知道我們需要什麼樣的人脈，「想到」永遠比「做到」排在前面，你知道怎麼做，你想要取得什麼人脈你才會去接近這種人脈圈，所以可以將你未來的人脈分成短期和長期，當然這是我粗略的分法，你可以更細部地去分，重點只是讓自己可以篩選人脈，因為只要你開始認真地經營人脈，去參加一些活動主動出擊，你會發現你交換的名片會在短時間內堆得很高，你LINE 的好友數會飆升，LINE 群組會多很多（我已經 250 個群），每天你的 LINE 訊息根本看不完，因此精準的人脈圈就很重要了，例如你需要業績時，短期的目標人脈就比較有幫助，遠水救不了近火，但是遠水也必須一步步建立，你可以用功能性分類、地區性分類、財富分類、行業別分類、美醜分類等，總之不要什麼人脈你都去開發，舉例：

- 短暫性人脈，意思是說對你短期內有幫助，或是可以立即提升你業績，可以幫助你解決目前碰到的問題，或是生意上需要合作的夥伴。
- 長期性人脈，意思是說若長期與這些人交往，可以在他身上學到很多，對於你的人生的影響是正面的，他的事業剛剛起步你很看好他，現在你卻沒有機會跟他合作，這個人有成功的特質，將來成功機會很大，因為很多成功者都很珍惜和看重那些在他尚未成功時所結交的朋友，因為他們認為那個時期結識的朋友，大部分都是真心的，功成名就後才結識的那些朋友多是想在他身上獲取好處的，所以我們要積極結識這些績優股，一旦他們飛黃騰達後，還是會把你當知心的朋友。

4 共用你的資源

這部分我想分兩個部分來談，第一是你的閒置資源，第二部分是你的珍貴資源。

閒置和珍貴由你自己定義，不是由別人來定義，有些資源你或許覺得很普通，對你而言一點都不重要，但是在一些人的眼中卻是珍貴的，例如，有的人很有錢，他的閒置資源就是錢，但對另一個人來說，錢卻是他的珍貴資源。

將資源分成閒置和珍貴最主要的用意是，為了將資源做最有效率的運用，閒置資源對你來說不是不重要，而是你不常用到所以才稱為閒置，例如你有一台很拉風的跑車，平常根本很少開，跑車對你而言就是閒置資源，但是可能對孤家寡人的小王就是珍貴的資源，因為小王買不起跑車，但是他很需要跑車去追女生建立自己的信心。你很會唱歌，唱得跟那些歌手一樣好，平常根本用不到，但是小王的婚禮需要一個婚禮歌手，這時候你的閒置資源「歌聲」就是小王的珍貴資源了。

如今是個資源共享的時代。有一次朋友 A 在運動過後感覺胸口悶悶的不舒服，跟他一起運動的朋友 B 上前關心，但是胸口痛的朋友 A 卻說：「沒關係他常常這樣，休息一下就好了」，但是朋友 B 仍然不放心，於是打了一通電話詢問自己的哥哥，因為 B 朋友的哥哥是台大的住院醫生，也待過急診室，聽完 B 所描述那些狀況，B 的哥哥立即強烈建議 A 馬上到附近的醫院做心臟方面的檢查，於是 B 極力勸朋友 A 快去醫院急診檢查，胸口痛的 A 還覺得 B 太小題大作，但是礙於朋友關係，加上 B 很堅持，如果不去反倒會壞了兩人之間的情誼，於是就這樣半推半就地去附近的醫院做檢查。等他們人到了急診室，B 朋友的哥哥還特別打電話來關切，建議急診室的護士該怎麼處置，沒想到檢查出來的結果很驚人，是急性的心肌梗塞前兆，必須馬上動手術做支架，要是今天沒有處理隨時可能發生心肌梗塞，那 A 朋友嚇死了，當天就做了手術。事後他特別感謝 B 朋友的熱心才救了他一命。

以上的例子中 B 的哥哥是醫生，也是 B 的一個閒置資源，但這個閒置資源卻救了 A 的性命，所以你必須先把自己有的資源清點一次，清楚知道你有哪些資源是可以運用、支配的，把這些資源變成你的資料庫，一旦臨時有需要你就可以立即搜尋出來。

現在就立刻盤點你的閒置資源，並且每天不斷地擴充你的資源。

5 打造人脈開發團隊

建立人脈開發團隊這件事情很重要。21 世紀是打團體戰的時代，在這個強者越強，弱者越弱的時代下，唯有建立團隊，發展平台，集眾人之才能，才是最快又有效的取勝之道。

建立「人脈開發團隊」可以讓你快速發展你的人脈或事業，多一個團隊加入，就是多一個人的人脈和開發者，有人會說：「我又不是要做直銷，建立團隊幹嘛？」希望大家先導正一個觀念，就是「成功一定是靠他人促成的」，你一定要有加盟店的概念，找一位夥伴一起合作，等於多一個你在開發人脈，他開發到的優質人脈，起初由他經營，等他耕耘出一定的信賴感時，就可以介紹給你認識，其實建立團隊不一定是要做直銷、保險相關的事業，你可以建立一個人脈互助的團隊，目標可以是尋找優質的朋友加入，平時辦辦聚會、讀書會、旅遊或是一起上課進修，因為一個人建立人脈圈有限，如果是一群朋友建立人脈圈就很快了，尤其現在通訊軟體發達，用 LINE 建立群組就立節就能開始。一個人可以走得很快，一群人會走得更遠！你能整合別人，說明你有能力；你被別人整合，說明你有價值。

我很喜歡網路上流傳的一個講團隊的小道理，相信有八成的人都看過唐三藏取經的故事，內容是在說：孫悟空是在取經的路上碰到的，豬八戒是在取經的路上碰到的，沙和尚是在取經路上碰到的，白龍馬也是在取經路上碰到的，所以要碰到可以與你一路同行的人，你必須先上路！不是有了同行者才上路，是因為你在路上才會有同行者！

可惜好多人把這個道理想反了，在故事當中，我覺得最重要的是——為夢想而堅定前行的時候，幫手才會出現，為夢想而堅定前行的時候，貴人才會出現！決定上路的時候總是一個人，但是，只要堅持走下去，走著走著就出現了團隊，如若萬事俱備，則你的價值何在！

如何才打造強大的團隊

打造你的人脈開發團隊很重要，打造團隊就要做到：指導團隊夥伴做事的方法和技巧，激勵夥伴成功的欲望，讓夥伴看到人脈為他帶來的好處，和沒有人脈幫忙處處都要自己忙的痛苦，並創造團隊成長、學習、發展的機運，最重要的就是做榜樣了，榜樣的力量是無窮的，因為你是團隊的靈魂人物，扮演著影響全體的績效和團隊士氣的關鍵，領導者的表現更是團隊的楷模，只要領導者工作態度非常認真，夥伴也會起而效尤。好的團隊不是比人數的多寡，而是有沒有同心協力的向心力，有沒有團結一致，有沒有共同目標，這樣才能發揮團隊最大的力量，一個優秀團隊必須具備以下四個要素：

A、彼此的信任：

團隊之間最怕的是猜忌和不信任，並且領導者要切記不要去做安排其中一個夥伴去監視其他的夥伴這種事情，一旦被夥伴知道了，會大大降低他們對領導者的信任度，也不要只是一言堂，要多去聆聽夥伴心裡的話，並給他們適當的發洩窗口，這樣團隊才會更具凝聚力。

B、良好的溝通：

領導者要有良好的溝通能力，並且不說大話，因為如果老是在畫大餅，看得到吃不到，夥伴久了也是會膩的，會對你失去信心，團隊中的成員一定會來自各種不同的領域，所以包容和溝通就很重要了，領導者要了解每位夥伴的需求，並滿足他，當然不是所有夥伴都是領導者在負責，可以分階層讓每一個人去學習溝通和關心，才能了解成員們之間的想法，不是領導者一廂情願地以為自己很強，就用自己的方式帶團隊，自己主觀認為夥伴不合己意就踢出團隊，最後變成一言堂團隊。團隊是多元包容的，要知道新客戶難尋，留住老客戶往往花的成本是比較低的，不在意夥伴離開的領導者就不適合當領導，因為你要的只是一群附和你的人而已，你要塑造讓團隊夥伴共同幹大事的感覺，要注意，大事並不是大話，這是最重要的領導特質，這樣大家就願意追隨你、跟著你一起打拚，自然資源和財富就隨之而來。

C、換位思考：

也就是站在他人立場去思考，自己不想做或做不到的活，別丟給夥伴去做，應該是提出來大家討論、集思廣義，由領導者身先士卒地試著去做，並且站在夥伴的位置去思考，想想夥伴要的是什麼？把夥伴的利益和需求放在心上，並確實照顧到。

口、執行力：

行動才能改變命運，懂得再多不去做也是枉然，一個團隊是否成功出色，都是要靠執行力來做保證，並且一步一腳印地去執行，慢就是快，快就是慢，領導者在制定目標的時候，雖然目標很大，但是不能急著一次就要執行到位，要懂得切割，懂得檢討修正，先讓夥伴達到小目標，享受一下達到目標的喜悅和自信，一步步的前進，培養積極的行動力。

網路上唐僧取經故事的後續是——

最後，唐僧師徒四人，經過了九九八十一難，終於取到了真經，回到大唐以後，李世民給師徒四人接風擺設酒宴，問唐僧：「你今日的成功靠的是什麼？」

唐僧回答：「我靠的是信念，只要我不死我就能取得真經！」

然後問孫悟空：「你靠的什麼？」

孫悟空說：「我靠的是能力和人脈！我沒辦法的時候我會借力。」

然後問八戒：「你動不動就摔耙子，還好色，你怎麼能成功？？」

豬八戒說：「我選對團隊了，一路有人幫，有人教，有人帶，想不成功都難！」

最後又問沙和尚：「你這麼老實怎麼也能成功？？」

沙和尚說：「很簡單啊，因為我聽話，照做！」

其實，「成功從來就不是一件難事，關鍵是要找到團隊合作，各發揮其功能！」

創業團隊人數多寡並不重要，但如果從功能性去看，一定要有四種功能的人，如果你自己有這四項本領，那你自己一個人也沒有問題，當然如果有其他人願意與你分攤部分工作或將某些功能外包，就能讓你更專注在某個領域，你也比較不會這麼累。這四個功能就是：領導、企劃、行政、業務。

打造團隊要具備的四種人才

A、領導

團隊領導人決定團隊一半以上的生死！

領導，一言以蔽之，團隊討論事情總得有個頭兒，好讓紛亂的想法可以真正被決定出來，有些創業團隊都是好朋友一起創業，有時候討論事情大家都不想得罪人，或者東扯一句西講一句，或者成員之間一言不合、意見分歧，這時總得有人出來當那個最終決策者的角色，最佳的團隊領導人，最重要的是能提出事業願景，說服大家凝聚在一起往共同目標邁進。

在團隊有紛爭的時候領導人要出來「喬」，要讓大家心服口服，因為團隊的凝聚力很重要，同時他還要引導方向，遭遇挫折時他更要挺住負面情緒鼓勵大家繼續前行。

B、企劃

就是出點子的人！

軍師、參謀型的角色，同時也帶有對外發言人或公關的性質，任務是平時累積收集資訊，在大家討論各種看法的時候，能有條理分析現況，包括優劣勢、敵我狀態、市場現況、未來展望等……，最後歸納出可執行的細節，讓領導人做決策，讓團隊成員去執行，團隊領導人與企劃人通常會是互補的角色，領導者比較側重在對於「人」的管理上，也就是團隊的向心力、凝聚力、士氣等……

企劃則是比較側重在「事」的策劃，而且是從高層次的整體策略，到細部的戰術需要如何執行，這都是企劃人需要貢獻心力的地方。

C、行政

其功能是確保團隊一般的運作庶務能運作順暢。

例如記帳、出納，現金流管理，讓財務資訊可以如實呈現出經營狀況，好作為大家開會時討論的憑據，他的任務不複雜，但不複雜不代表不重要，正因為有他，才能讓大家無後顧之憂地去前線衝，要錢有錢，要人有人，這場仗才能繼續打下去。

負責行政工作的團隊成員，個性上必須是謹慎、小心、細心的人，所以通常會由女性負責，展現她們高度的細膩長才，提醒大家什麼時間點該做什麼事、誰要來訪、時間到了該去參加什麼活動、錢夠不夠用、帳能不能報、稅的問題該怎麼處理……等工作，這都是負責行政的成員必須處理好的事。

D、業務

最後一種人就是業務，狹義來說，就是把產品、服務賣出去，把錢收回來，並妥善維護好顧客關係。

但廣義而言，業務推銷的不僅是產品或服務，更是公司本身，團隊本身，也是自己本身。外面的人不了解本組織團隊，通常就會從業務的言行、談吐水準認識起，從這角度去看，從事業務工作，舌燦蓮花是誇張了點，但確實需要懂得應對進退，洞悉人性，能在最快時間內摸清顧客的好惡在哪裡，什麼話該說、什麼不該說，什麼議題可以談、什麼不能談，一切都是以成交為導向，同時兼顧手腕與心理技巧，就是相當出色的業務，而業務最要注重的就是客戶的「終身價值」。

歷史上，很多創業團隊一開始都是四、五人甚至更少，但人數本身不是重點，而是主要的功能有沒有人在做？例如，三國時期的劉關張團隊一開始只有三個人，但領導者知道團隊還缺乏企劃人才而設法補強，後來才做得有聲有色啊！所以：

劉邦是領導人，張良是企劃，蕭何是行政，韓信是業務。

劉備是領導人，諸葛亮是企劃兼行政，張飛與關羽是業務。

曹操是領導人，荀彧是企劃兼行政，張遼、徐晃、典韋、夏侯淵等人是業務。

所以說，如果你在初期不知道該找多少人成為你的夥伴，「四」這個數字是很值得參考的，但還是要記得重點不在於數量多寡，而是功能別，只要能各司其職，發揮最大效果，相信在合作愉快的基礎上，必將有所成。

我的團隊「X-Power 零極限」。

團員簡單介紹

- 黃一展：IBM 經理、采舍涉外部部長、台灣大陸人脈平台
- 劉儀雯：幼兒專家、零極限國際首席顧問、腦力開發專家
- 簡稑耘：命理專家、零極限國際教育講師
- 楊晉宜：投資理財專家
- 張桂穎：心靈教育講師
- 何品叡：房產專家
- 蕭詩芩：醫療體系
- 簡宇程：化工背景
- 李亞珊：咖啡業背景
- 張辰珈：幼兒教育業

人脈的用途練習

Step ①

在前文我們寫下了要擁有「人際關係上巨大的成就」的理由了，現在假設你得到了人際關係上巨大的成就，你會怎麼運用這些人脈。

美國成功學之父吉米．羅恩說：「當『動機』越強，『怎麼做』就會越容易。」

請寫下在自己在人脈變得非常多之後會想做的事情：

1、詳細地列出 5 至 10 個人脈變多之後你會想要做的事情？

2、並將事情的重要性來打分數 1 至 10 分（1 ＝最低 10 ＝最高）

❶ 分數：（　）

❷ 分數：（　）

❸ 分數：（　）

❹ 分數：（　）

❺ 分數：（　）

❻ 分數：（　）

❼ 分數：（　）

❽ 分數：（　）

❾ 分數：（　）

❿ 分數：（　）

Step ②

在新的白紙上重新寫下自己在人脈變多之後會想做的事情，只要寫出 2 至 3 個，分數達 9.5 至 10 分的事情即可。

寫好之後請你跟你個朋友或是夥伴分享，並在描述過程中要「描述仔細並充滿熱情」，盡情地描述，仔細到那個畫面栩栩如生，你的動機就會越強，並且可以預先將未來會發生的情況演練出來，例如：

深度的描述

我擁有一個世界演講大師的人脈，我會跟隨他去世界各地演講，並受到熱烈歡迎，他的所有粉絲也會變成我的粉絲，我們會被熱情地包圍，要求拍照、合影、簽名，演講的會場總是爆滿，門票是場場秒殺，還有很多人進不來，現場所有聽眾聽得如癡如醉，每個人都學到很多新觀念，現場的互動非常的熱烈，甚至有學員激動到衝上台表達意見，每一個人的情緒到達顛峰……。

廣度的描述

我擁有一個世界演講大師的人脈，我會跟隨他去世界各地演講，並受到熱烈歡迎，他的所有粉絲也會變成我的粉絲，我會在他身上學習到世界上最棒的技巧，所有他身邊的成功人士都會成為我們共同的好朋友，我們會上世界各大演講舞台，會讓世界所有人知道最

★請花點時間思考★

棒的知識，會幫助所有想成功的人，讓那些想成功的人一起跟我創造未來，金錢會大量地自動向我奔來，使我可以去幫助沒有能力學習的人……。

我要你描述的是「深度」不是「廣度」，以上都是針對我得到了世界大師的人脈後，跟他一起去演講的現場畫面。現在試著自己想想看，盡情想像你要的，描述到很深之後，再開始下一個場景。

1、

2、

3、

Chapter 6

練功再進化成為業務贏家

1 選擇對的人

逛夜市的時候大家應該都有看過那種現場叫賣的拍賣攤位，就是老板背後有一堆玩具、日常生活用品等等的貨品，一樣樣的拿出來在攤位前面大聲叫賣：「這東西要一千嗎？不用！要五百嗎？不用！要一百嗎？不用！現在只要五十元」……這樣的畫面應該很熟悉吧！下次去逛夜市的時候可以稍微留意，注意那個賣力拍賣的人，他會找現場願意跟他互動並且有意願要購買的人，並跟這些人進行互動。他絕對不會找那種雙手交叉在胸前、面無表情的觀眾來跟他互動。同樣的，我們去看魔術表演時，魔術師也只跟台下那些跟他互動的觀眾互動，為什麼呢？

因為他們都在選擇對的人，你想想看，那個拍賣小哥，如果找一個雙手抱胸面無表情的觀眾互動的話，不是自尋死路嗎？拍賣小哥會賣得很吃力。相同的，演講會場、表演會場，台上的人如果將重心放在那些沒反應的人身上，不但自己會覺得表演得很爛，喪失信心，那些現場願意配合互動的觀眾也會覺得不被重視。

選擇對的人這點很重要。一位中國知名男星喬任梁，因長期飽受網友謾罵，驚傳在上海自殺身亡，自殺原因疑「網路霸凌」，事實上很多明星常常受到網路酸民留言的傷害，但受傷程度大小不一，甚至有的人並沒有受到影響。這之間的差別在於，被傷害的明星都關注在那些酸民的身上，而那些不受影響的明星則聰明地選擇將焦點放在喜歡他、支持他的粉絲身上。重心放在酸民身上，所看到的是負面難堪的字眼，重心放在愛你的粉絲上，所看到的是正面、支持、鼓勵、未來充滿希望的畫面。

我們結交人脈也是一樣的，不要去在意那些老是跟你唱反調的人，也別試圖去討好他們，反而是要多多和那些對我們好的人，常常鼓勵我們的人互動，把重心放在愛我們的人上面。

請選擇與對的人來往，別把時間浪費在錯的人事物上，接下來提供五個方法，可以讓你避開錯誤的人際關係。

聰明的人懂得在自己所犯的錯誤中學習，而有智慧的人則能從別人的錯誤中學習，不用自己承擔那些痛苦，有些事早些明白，可以讓自己省下犯這些錯誤的代價。羅伯．麥克．傅立德曾說：「時間是無法再生的資源，那訊息想要傳達的意思再清楚不過了，你應該把時間投資在對你最重要的人事物上。」許多人犯的最大的錯就是投入太多自己的時間與生命在不對的事情上，最後浪費了時間、青春與自己的大好人生，最後懊悔不已，但是過去就讓它過去，從此刻起調整你的方法尋找正確的人，以下有五種方法供你參考：

相信你的直覺

人的直覺是很準的，職場上，當你的直覺向你透露著眼前的事物不妥時，就應該立刻停止，直覺是防止你犯錯最好的警鈴，它往往能先你一步察覺異樣，當你的直覺告訴自己該怎麼做時，不妨先停下腳步，仔細想清楚後再前進，尤其是讓你不舒服的磁場，這個相處的模式或是人一定有問題，人脈不是短期的投資，請先停下腳步看清楚再前進。

不要太乎其他人的看法

當你過度在乎別人的看法，就會看輕你內心真正重要的東西，有時候講者無心，我們聽者會把對方的話曲解了，把焦點轉移在別人的意見，而不是你內心真正的想法，每個人都有不一樣的看法，別在乎其他人怎麼想，只要是自己認為對的事，就堅持走下去，當別人跟你說你做不到的時候，其實是他們心裡覺得自己做不到，所以認為你也做不到，但那是他們，不是你，凡事按部就班一步一步來，凡走過必有成績。

懂得拒絕

有時候，懂得學會拒絕，才能避免將時間浪費在那些不重要的小事上。職場上，不要當個 OK 先生 / 小姐，對別人的要求照單全收。而是應該將多一點的時間留給自己和重要的家人朋友，當我們成為一個凡事不懂得拒絕的人時，我們也錯失了把生活重心放在自己身上的機會。

因為你懂得拒絕，在對方的內心也會覺得你的時間是寶貴的，才會珍惜你的幫忙，不然幫忙久了，你的協助會變得很廉價，萬一有一天你拒絕了別人，對方還會覺得你在拿翹。網路上有兩個小故事正呼應我的觀點——

故事一：一名年輕人從農村到城市討生活，上班的路上都會經過一座人行天橋，天橋下有一位固定在那邊乞討的乞丐，每次年輕人上班經過時都會固定給乞丐 20 元，一年過去了，因為景氣不好年輕人被減薪了，於是年輕人上班經過乞丐時心裡猶豫了一下，想說現在自己都不好過了就給乞丐少些，等之後有加薪再多給，於是年輕人給乞丐從原本的 20 元變成 10 元，放下 10 元後年輕人轉身準備離開時，這名乞丐叫住了年輕人，不滿地質問他為什麼只有 10 元而不是 20 元呢？你了解其中感覺了嗎？就是太頻繁的付出，讓你的付出變得廉價、變得是理所當然的，這就是人性。

故事二：小明不喜歡吃蛋，所以學校的營養午餐裡只要有蛋，小明就會把蛋夾給小林，久了小林也很習以為常，還常常主動去夾小明便當裡的蛋。有一天吃中餐時小林有事比較慢到，於是小明就將蛋夾給隔壁的小華吃，等到小林到的時候得知小明將蛋給了小華吃，小林非常不高興，並質問小明為什麼沒有經過他同意，把他的蛋給了小華吃呢？有感覺出來了嗎？明明是小明的蛋，理當是小明高興給誰就給誰，但是因為給小林給得習慣了，小林就認為小明的蛋是他的蛋，所以有時候懂得分配你的資源也是很重要的，不能太廉價地去分配你的任何資源，包括閒置資源，總之別再當好好先生 / 小姐了。

別浪費時間在不對的人身上

知心好友幾個勝過無數個酒肉朋友，同時，選擇一個真心對你、懂你的另一半也重要得多，自然是要選一個最適合你的，而不是別人口中認為最好的。職場上也是如此，把時間花在對的人身上，跟對的人共事；跟太多錯的人合作、相處，反而是給自己添麻煩。

接受結果可能會讓你失望的事實

生命中無論任何事，即使你已經盡心盡力，但你仍必須接受結果可能不是你想要的，人生本來就充滿著各種可能性，你討厭的、不喜歡的事隨時有可能會發生，當你不願看到的結果發生了，學會快速接受它，然後收拾心情繼續往前走。

有學生問我說「有錢沒意願」和「沒錢有意願」這兩種客戶要選擇哪一種呢？

基本上我建議選擇「有錢沒意願」的客戶，因為很現實的沒錢就是沒辦法成交，「有錢沒意願」的客戶可以透過努力提升他的意願，最終是有機會成交的，「沒錢有意願」的客戶只要保持聯繫，當他有錢時候，基本上要成為你的客戶，也還是有機會的。

2 借力使力，讓更多人幫你賺錢

何必自己辛辛苦苦建立魚池呢？你可以借用別人現有的魚池，因為我們借的是使用權，而不是所有權。

每一個人都有自己的人脈圈，要建立人脈圈必須花費一定的時間，你必須要先從個人開始認識、交往後產生信賴感，這時候你就增加一個人脈，整個過程時間快的話或許一個月。如果你要建立一個魚池的話，你必須一條一條的魚慢慢地放進你的魚池。期間這個池塘的魚可能因你疏於照顧而死掉，小偷來你的魚池偷魚，你的仇人來你的魚池電魚、毒魚，養這些魚你必須買飼料定時餵養，還要找醫生來醫治生病的魚，找營養品來讓你的魚變健康強壯，還要換水、打氧氣等等的開銷，所以你真的要自己辛辛苦苦打造魚池嗎？

借力，是最省力的方式，我們要借的是使用權，而不是所有權，所以只要跟魚池老闆講好，我們是借他的魚池，而且是選他空閒的時間借，或是借魚池後給租金。

也就是說，人脈的運作不必全部自己來，可以透過朋友的人脈圈來變成自己的人脈圈，例如，有一次我幫一家賣醫療儀器的公司幫忙行銷儀器，我想要醫生圈的人脈，我就去找有這類人脈圈的朋友幫忙引薦，一開始是找一位賣醫療儀器的業務，他有幾個不錯的醫生朋友，於是就安排餐會大家聚聚，當然我必須準備一個誘餌，這樣他們才會理我，於是我找一位很漂亮又善於交際的女性朋友陪同我去，這也是借力的一種，加上賣出的儀器他們有抽成，所以那一場我就認識很多的人脈，我的 LINE 群組多了三個醫生群的群組，那群組不是每一個人都可以進去，必須要群主同意才能加入，之後我透過那三個群裡面的醫生幫忙介紹漁池，於是 LINE 的醫生群一共又多了十五個群，目前還在繼續增加中，所以何必自己建立魚池呢？用別人現有的魚池，我們要的是使用權，而不是所有權。

通常我們借用他人資源，有一件事情一定要注意，就是你要主動提出讓利方案或是給相對的報酬，報酬可以是現金、資源、任何的好處、甚至簡單到請他吃一頓飯，總之你一定要表現出感謝之意，就算再熟的朋友也是一樣，記得「緣故陌生化，陌生緣故化」，沒有人應該免費幫你，當你主動提出好處時，最大的用意是避免尷尬，有的人他會不好意思要求你要付出些什麼來換取我給你的資源，但這些心中的小小抱怨會隨著時間累積而不斷被放大，加上如果其他人有給好處的話，而你沒給好處，這個點就會被放大。所以當你下次再要求要借力時，不是借的力小很多，就是借不到任何的力，被對方拒絕了。就算對方是有錢人你也不要覺得好像給些小利對方也不需要，這種猜測的心態千萬不要有，所謂禮多人不怪，只要我們做到位，有借有還，還加上給高的利息，這樣別人有閒置的資源才會願意借給你，因為他知道不會白借的。

向美國白宮談判顧問羅傑．道森學習。

3 讓人快速信賴你的三種方法

你有沒有發現你的生活周遭總是有一種人，他們有很強的吸引力，不管到哪裡都很受歡迎，為什麼會這樣呢？那些很受歡迎的人都有很強的親和力，跟他們相處會讓人覺得舒服，覺得可以信賴，因而對他所說的話深信不疑。

人們用三十四秒看著你的臉，就會快速判斷出你是否是個「值得信賴」的人，簡單來說，人們會把笑臉歸為值得信賴，憤怒的臉則不值得信賴。孟子說：「觀其眸子，人焉廋哉。」當你要對方信任你時，眼神不應該閃爍，如果你有信心，就會以堅定的眼神，傳達出要別人相信你的訊息。此外，因為現代生活中很少人願意聽別人講話，大家都只關注發表自己的意見。所以假設你一開始就能把聽的工作做得很好，你跟他的信賴感就已經開始建立了。

你希望受人信賴嗎？為了要取得他人的信任，該如何做比較好呢？以下的方法將提供你在與人溝通與互動中就能默默快速建立起信賴感的方法。

一般級的示好法

- 特點：示好送禮，待他如女友。
- 優點：這個方法好學、任何時間都可以用、不須太多的技巧、效果普遍還不錯、時間短就有效果、容易複製。

- 缺點：容易被看出用意、會讓別人認為你是在巴結、競爭對手多、需要額外的開銷、對方胃口容易被養大、容易淪為理所當然、地位不平等。
- 效果：效果平平，但是容易打動人心，初步入門的朋友可以先從這個方法開始。
- 做法：大部分都是送禮、主動示好，這種方式就是把對方當做你要追求的女友，主動出擊不等待，見縫插針有機會，勤快為致勝點，但是要記住示好不要太心急，當開啟對客戶示好機制的時候，客戶會自動開啟反制機制，心裡頭其實明白你要幹嘛，只是看看你的表現跟其他人有哪裡不同，這時因為有比較，所以容易淪為佣人或是提款機，其實，你並不要過分擔心你太主動會讓對方感到反感，若是你不主動，那別人也是會主動，你倆的事基本就沒什麼下文了，若是你剛開始的主動示好被拒絕了，那也實屬合理。千萬不要因此而沮喪，你哪裡知道客戶到底怎麼想的呢？

首先要給客戶一種感覺，還記得天空步道的安全跟安全感的不同嗎？首先要先給對方有信賴感的感覺，所以你要營造下列的感覺：

A、一定要讓客戶感覺你是個非常有上進心的業務。

這時候勤快就很重要，要常常找藉口理由去見你的客戶，並有任何進度就跟對方報告，有機會要懂得行銷自己，準備一分鐘、五分鐘自我介紹的橋段，內容要包括你在這一份工作上要達到的成就，還有在人生上要為社會做出什麼貢獻。當然要注意的事情很多，基本上外在穿著起碼必須是襯衫西裝褲加領帶，記住孔雀理論，一定要讓客戶知道你很重視這次的會面，並且你對未來信心滿滿，是一個很有企圖心的人，你已經制定了長遠的目標，並在積極努力地一步步實現。

B、展現出你的自信心、責任心

要讓自己看起來成熟些，讓客戶感受到安全感，給客戶做出部分的承諾，而且是一定要做得到的承諾，並充分表現出你的自信心和責任感。

C、在正經和輕鬆之間找一個適當的度

客戶都喜歡帶來歡樂的業務，平常上班已經很無趣，若你總是帶來歡樂的話，他們都會很期待你的來訪，開玩笑的時候放開地開玩笑，該一本正經的時候就嚴肅些，太過呆板或者太過嬉皮笑臉的業務一般都不討人喜歡。

D、展現你成熟的一面

成熟穩重的業務比較能獲得客戶的喜歡，讓客戶感覺到你遇事從容不迫的魅力所在，更給人安全感和信賴感。

中級的模仿法

- 特點：物以類聚，人以群分。
- 優點:不易被察覺、效果好、隨時可以用、沒有地點時間限制。
- 缺點：需要一點時間才會有效果、需要較多的技巧、有可能弄巧成拙、費用有時候會很多、需要觀察時間。
- 效果：需要點時間來發酵、成為好友的機會高、莫名拉近信賴感。

- 做法：每一個人最喜歡的人就是自己，所以中級的模仿法就是模仿你的客戶，模仿有很多的面向，聲音、語調、肢體語言、生活習慣、品味、想法、興趣、習慣等等，比如你喜歡某個人，你就會不自覺地模仿他的言行舉止，進而你們倆會越來越像。也就是說，你要讓別人喜歡，你要先做像他的人。我們要想成為別人心中足以信賴的人，就要去模仿那個人。
  那麼，要如何去模仿呢？可以先從以下這五個面向著手：

A、聲調語速：

如果對方是屬於高音系列，你就把自己說話的音調盡量調高，對方低你就低，聲音的速度也是一樣，對方講話的速度很快，你的音速就要加快了，最起碼要和他維持在同一個頻率才容易溝通。

B、肢體語言：

肢體語言是比較容易模仿的，例如你在跟對方談事情的時候，對方習慣托腮幫子，你也學他托你的腮幫子，對方習慣翹右腳，你也模仿他翹右腳，要注意的是不要同步模仿，也就是說對方翹右腳的時候，你等 30 秒或 1 分鐘後再翹右腳，因為同步模仿容易被看穿，此招務必要做到無聲無息的地步，他會覺得像在照鏡子般，而莫名地喜歡你。

C、想法：

這一點需要去練習，怎麼練習呢？與他聊天時，你可以問他一些問題，然後自己在心裡暗自猜測他的答案，如果都跟你心中想得差不多的話，你就算成功了。如果不一樣的話，可以詢問對方為什麼是這個答案，然後再去想下一題，如果我是他的話會怎麼想呢？不管你最後有沒有複製到他的想法，過程中你已經模仿了，磁場也會因為練習而拉近，所以不用太在意結果是不是跟對方一樣，重點是過程。

D、興趣：

這一點有時候需要克服，舉例像我本身興趣比較廣泛，所以幾乎所有的興趣基本上我都可以參與。但是如果有人本身就怕水，就沒辦法跟對方相約去海邊玩水，有人身體不適合爬山，就沒辦法跟對方去爬山。所以不一定所有對方的興趣你都要配合，你可以找你喜歡的，例如你喜歡桌遊，而且是桌遊的高手，這時候你就可以找對方一起玩，在遊戲的過程中，你要記住，你的目的是什麼，你的目的是取得對方的信賴感，不是在遊戲中獲勝，這樣說你明白嗎？也就是說假設你在跟他打羽毛球，就算你羽毛球再厲害，曾經是校隊是國手，也不要表現出來。有的人會把一些運動競賽看得很重，要是你不懂人際眉角，一直拼命地贏球，第一，他會覺得你不會做人，對你反感，你的目的沒達到反而搞砸了；第二，就算他沒生氣也沒有放在心上，但是下次他不會再找你，不是因為怕你贏他，而是這種競賽的運動，要比分相近才有意思，雙方實力難分伯仲才有趣，實力懸殊玩得起來一點都不盡興。同理，若你要放水給對方，自然不能做得太明顯，分數盡量相近，小輸就好，有時候也可以小贏對方，比賽三次可以讓對方贏兩次，這樣對方才會喜歡跟你一起進行這運動，記住你的目的是什麼？是建立信賴感不是贏得競賽。

E、日用品：

簡單來說就是用對方所用。對方用什麼牌子的筆你就用什麼牌子的筆、穿什麼牌子的衣服你就穿什麼牌子的衣服、穿什麼顏色的褲子你就穿什麼顏色的褲子、平常喝哪一家的咖啡你就喝那一家的咖啡、喜歡喝紅茶你就開始喝紅茶、喜歡看恐怖片你就跟著看恐怖片。

你會問說又不是跟屁蟲，學那麼多幹嘛？因為你學得越多，你跟他除了可以拉近頻率之外，你們也會有很多共通點可以當作聊天話題，能聊得更起勁。例如，如果你跟對方用一樣的手機，你們就有共同的話題，可以一起討論哪一個設計很棒、什麼樣的情況下容易當機、超耗電時候可以一起罵廠商，甚至有時候他的某個配件弄丟了，而你正好不太會用到的話，還可以讓給他用，這才僅僅是一種共同使用的產品而已，就能衍生出來那麼多的話題。總之如果有使用很多共同的產品，你們會有非常多的話題可以聊。

以上的模仿行為當然是在對方的面前才需要做的，平常你還是可以做自己喜歡的事物，有的人會說，有必要搞成這樣嗎？那就看你多想要對方的生意，成功的人願意做別人不想做的事、不願意做的事和別人做不到的事情。人本來就有很多的性格，例如人格分析有分成 DISC 交叉各類型的人，所以把這些當作工作一環，必要的時候請戴上面具，戴上面具不是代表你虛偽，而是你重視這份工作、重視你的客戶、也重視你的人生，沒有人喜歡不做自己，但是請在你成功前放下這一切，戴上面具開始學習一切，在模仿學習過程中也是能學習到很多的經驗，凡事都有兩面，不是正面就是反面，請多看可以為你帶來好處的那一面，積極思考，馬上行動，行動才能改變命運。

高級的借要法

- 特點：借他所長，索取他所珍有的。
- 優點：目前比較少人用、是「要」，不是送、地位平等、可以建立長久情感。
- 缺點：「要」不成很尷尬，所以要有膽量、要比較長時間的觀察，花的時間最久。
- 效果：最好、極佳。雙方變成死黨的機會最高、要求習慣之後可以要求訂單。
- 做法：

分為兩部分，「借」與「要」，基本上都屬於同一種方式，都是開口跟打算建立信賴感的對方「要求幫忙」或是「給予」，當一個人來到新環境的時候，都會希望趕快交到很多的朋友，希望變成一個人見人愛的人，最好能快速取得他人的信賴感，特別是來到一個新環境的時候，我們都很害怕被排擠，怕沒有人是跟自己同一隊的，所以每個人都會有很多的方式來建立人際關係，有些人來到新環境時，就和身邊的人不管是同事、同學或者是新的夥伴，就主動問話搭話，問人家你平常吃什麼啊？你的興趣是什麼啊？中午要做什麼啊？晚餐要吃什麼啊？很愛問一些問題找人聊天，但這樣的人會被原本環境裡面的那群人，覺得他好煩或是很嘮叨。

還有第二種人，就是來到新的環境他就做好自己的事，默默地不太理人，也不太跟別人搭話或講話，久而久之他跟大家就漸行漸遠，大家會覺得這個人傲慢且陌生，覺得他根本沒有想要融入我們這個環境。

以上這兩種狀況其實都不是正確的人際相處模式。來到一個新環境，如果想要融入環境，想要快速結交新朋友，有一個很簡單的方法，這個方法被稱為富蘭克林法則，這個法則是來自美國一百元鈔票上那個肖像人物，就是富蘭克林先生，他是美國的記者、作家、慈善家，更是傑出的外交家，富蘭克林在美國革命成功後，參與許多了政治事務，也因此有一個敵對的政客，每一次他說什麼，這個政敵就會批評他、反對他，跟他鬧得不愉快，這時候富蘭克林採用了一個非常聰明的方式，這個方式把對方從反對他的立場，轉變成為支持他，甚至就把這個政敵變成他一輩子的好朋友，是什麼方式呢？

就是「借」與「要」，有一天富蘭克林朝那位政客打招呼說：「我聽說你家有一本很珍貴的書，可不可以借我看一下，我想要閱讀那本珍貴的書。」基於人情這個政敵當然很不情願地答應富蘭克林，並借了書給他，之後富蘭克林看完這本書後就如期歸還，然後對他說：「我真的覺得你這本書好棒啊，你這個人真有品味，學識廣博，我要多跟你學習。」於是繼續向他借第二本書，第二本書看完後，一樣跟那政敵分享心得並讚揚他，就這樣持續地一直借書，並且與他持續保持互動，兩人最終變成了好朋友。

富蘭克林用一個很簡單的方法，扭轉這個人對他的感覺，我們一般都會覺得說，我們想要讓這個人喜歡我，最好的方式就是給他東西、送他禮物、對他很好。而富蘭克林卻反其道而行，他並沒有送這個政敵任何東西，他也沒有刻意討好他，而是反過來是跟他借東西，從他那邊拿東西，結果竟和那政敵成為朋友，這是為什麼呢？

其實這是種心理學，當我們在幫助一個人的時候，內心會不停地自我暗示，不停地告訴自己，這個人很不錯，這個人很好，因為我們潛意識認為我們只會幫助好的人，所以現在我幫助了他，他一定是個好人。如果善用這個技巧的話，你可以快速交到很多朋友，也就是讓很多人幫助你，一旦你能讓別人幫助你，他的內心就會開始修正對你的評價，不論對你是陌生的評價，或是負面的評價，他都會修正對你的看法，因為在心理學上人們會認為，自己所投資的東西一定是好的，比如說有些人愛上了一個人，大家都說這個人很糟糕，可是他不承認這個事實，於是他不停地告訴別人，和自己在一起的這個人很好，因為他的內心也不斷地自我暗示，我的時間投資在這個人身上，我愛上她並為她付出，所以她一定是好人。同理，我們來到一個新環境時，如果我們想要快速交到朋友取得信賴感，就可以向那些我們想要交朋友的對象，向他們求助，請求他們給予幫忙，這樣就可以扭轉他對你陌生的評價，而漸漸變成你的朋友。當我們希望人家幫助我們的時候，那我們需要他們幫助我們什麼事情呢？最好的方式就是請他幫你做他最擅長的事，因為每一個人都希望自己最擅長的事情被人發現，被大家看見，都希望自己擅長的事有舞台可以發揮。

當你請他幫你的時候，就修正了他對你這個人的看法，你又請他幫你做他擅長的事情，等於給他一個發揮的舞台，他的內心跟他潛意識就開始對你有好感，對你釋放善意，這就是你開始交好朋友的一個方法。

我師父王擎天董事長，是采舍集團的董事長，他跟大陸那邊的關係很好，也是運用「要」的技巧，當初王董事長要去大陸開疆闢

我的好友。

土時，透過朋友引薦得以和中國紡織出版社的社長會面（大陸所有出版社都是官派的），兩人相談甚歡，最後聊起了興趣，那位社長有集郵的習慣，他拿出他珍藏的郵票跟王董事長娓娓道來這些郵票的歷史，之後王董事長就跟社長提出了一個要求，就是請社長挑選一個他認為最有意義的郵票送給他，社長欣然同意，最後挑選了一張有意義的郵票送給王董事長珍藏，從此王董事長就與中國紡織的社長有一條隱形的線緊緊綁在一起，當然王董事長三不五時可以向社長說，社長送他的郵票很多人看到都很喜歡，很羨慕他能擁有這張這麼有意義的郵票，當下，社長可是聽得心花怒放，因為那郵票是他送給王董事長的，所以任何的稱讚都是間接地在稱讚紡織社社長，於是他們倆就因為這張郵票變成很好的朋友，每每王董事長去北京時社長都會撥空招待，社長來台灣的時候王董事長也盡地主之誼，中國市場的敲門磚也由社長開始引薦，直到現在，采舍集團已經是全球最大的華文知識服務商。

4 對他好一定要讓他知道

華人通常是比較含蓄的，也很壓抑的，有時候我們辛苦了大半天做出來的成果，卻被一個只會動嘴的人把功勞搶走，你看著他受到表揚，你心裡恨得牙癢癢，但又基於雙方情面只能在心裡咒罵。功勞會被那些小人搶走，其實是你自己的錯，因為你心裡覺得「邀功」是很要不得的行為。功勞、成績就像一個美味的肉包，誰把它拿下來就可以享用它，你把這個肉包做出來卻不好意思去享用它，所以那美味的包子放在桌上，當然在旁邊的人、路過的人、凡是聞到香味的人，都會想辦法去吃那顆包子，所以包子被拿走是很正常的事情，搶功勞的人也是因為要有功勞可搶，所以我們不要做「大仁哥」，真的是你做的功勞，該邀功就邀功。

我有個朋友從一件事情明白到「邀功」的必要性及重要性。

有一次他半夜起床上廁所，看見他老婆踢被子，被子掉到了床下，因為他和他老婆會互搶被子，所以是各自蓋自己的被子。他捏手捏腳地怕吵醒他老婆，幫老婆蓋上被子，隔天早上他老婆起床的時候，因為一點小事跟他鬧了脾氣。

我朋友氣不過就找我抱怨了幾句：「我半夜怕她著涼，還幫她蓋被子，早上為一點小事就跟我發脾氣。」我開導他說他的用意和做法都沒有錯，但是少做了「邀功」這件事，因為你半夜做了什麼你老婆根本不知情，跟沒有做是一樣的意思，所以建議他下次試著要「邀功」。必要的時候稍微依序描述三個過程（你眼睛看到的事實情況→你心裡想的擔心和幫忙的方式→你動手做的事實），於是他苦苦等待他老婆半夜再踢被子，等了好幾天遲遲等不到他老婆踢被子，又跑來問我有沒有其他方法，我跟他說：「你老婆哪會知道她自己有沒有踢被子，你可以耍心機做些小手腳，你可以把被子拉開當作是她自己踢的啊！」（情急之下想出來的，各位看倌不要學），所以他依樣畫葫蘆半夜就俏俏地把他老婆的被子拉開（怕驚醒老婆），然後把被子放在床下，再輕輕拍他老婆，把他老婆叫醒並對她說：「老婆，我看到妳被子掉床下了，妳怎麼踢被子了，小心別感冒了，來我幫妳把被子蓋好。」然後幫他老婆把被子蓋上，再親她一下，隔天早上他老婆起床後竟然主動去買早餐給他吃。之前都是我同事去買早餐的，今天破天荒是老婆幫他買，然後吃早餐的時候他老婆才跟他說謝謝！！謝謝他晚上那麼貼心幫她蓋被子。

各位朋友，你發現了沒，有跟別人說你為了他做什麼，和沒有說，是不是差很多，但是如果過程中你沒有跟你老婆說明過程，早上只跟老婆說你有幫她蓋被子，這效果其實不太大，一定要說明過程。

朋友幫老婆蓋被子的邀功過程：

- **你眼睛看到的** →老婆，我看到妳被子掉床下了，妳怎麼踢被子了呢？
- **你心裡想的** →我怕妳感冒了。
- **你動手做的** →幫老婆把被子蓋好，再親老婆一下。

之後他食髓知味三天兩頭地跟他老婆邀功蓋被子的事情，他老婆就不太會理會他，他問我說為什麼？我跟他說，你沒有被發現你背後做手腳已經是不幸中的大幸了，邀一樣的功，在第二次之後，效益會每一次減少一半以上的，後文我將提到的「服務價值遞減定律」會說明這部分。

描述過程可以讓對方知道你的辛苦和用意，這個方法用在客戶身上也是很恰當的。有一次客戶的公司要蓋廠，需要很多設備，我抓準機會去推銷自家的產品，但我發現負責的工程師超級忙，要負責很多的專案，在簡單訪談了解對方的需求後我就離開，並約好三天後再拜訪。三天後我將自家公司的產品報價資料附上，並且還同時列上其他品牌的產品比較分析，諸如哪一間公司有用、效果如何、價格分析、維修流程、產品 CP 值等資料全部蒐集好，並整理成一份報告，讓他可以直接交給他的主管，我還貼心地將報告封面的 LOGO 也換成客戶公司，報告人的名字不是寫我的名字，而是寫那名工程師的名字，並且我把過程告訴客戶（你眼睛看到的→你心裡想的→你動手做的），我對他說：「我那天來拜訪你的時候發現你真的好忙，同一時間要負責好幾個專案，所以我想在這方面我很專業，能減輕你一些工作量，應該能幫上忙，所以下班後花了三個晚上的時間，熬夜比較了數十家公司的產品，親自跑了四家設備廠商，才整理出這份資料，希望可以幫到你。」

我邀功過程：

- **你眼睛看到的** →我那天來拜訪你的時候發現你真的好忙，同時要負責好幾個專案。
- **你心裡想的** →我想在這方面我很專業，能減輕你一些工作量，應該能幫上忙。
- **你動手做的** →所以花了三個晚上的時間，熬夜比較了數十家公司的產品，親自跑了四家設備廠商，才整理出這份資料，希望可以幫到你。

結果那一份報告讓他在他主管面前大大被讚賞，因為他是第一個交專案報告的工程師，並且內容全部都很到位，所以我那一份被當作範本，之後那工程師因為這一份報告，被派任成為某一專案負責人，因為那專案是我寫的，所以他就常常拜託我一些事情，例如幫他看一些其他人的專案報告，當然都是秘密進行，自然於我也是有很大的好處，我因此得以看到所有競爭對手的資料，包括報價資料。所以那家工廠所有要用到的設備，只要我公司有的產品幾乎都全包，只有部分利潤不好的產品，讓給其他競爭對手，這一次的成績就足夠且超越我一年的業績目標了，所以邀功有方法，只要注意兩點即可，就是：內容不要太誇張，邀功不要太頻繁。

公眾演說助你登上事業巔峰

雖然俗話說：「沉默是金。」但在今日社會沉默也會讓你「失金」，擁有公眾演說的能力好處非常得多，我們這本書的重心是放在建立信賴感，所以就以人際關係為主，會公眾演說對於人際關係的好處有：

- **建立專業：**

其實只要人模人樣地站在眾人的前面演說，儀態表現得普普，不管內容如何，基本上你在他人心中已經有一定的專業性了。

- **大量人脈：**

一次面對一個人談，和一次面對一百人談，效果是不一樣的，人生時間有限，不可能一個一個慢慢認識，而透過公眾演說大量認識人脈，一定會有一些成為你的鐵粉，畢竟人有三怕：怕高、怕死、怕上台，所以可以在眾多人面前侃侃而談的人是令人欽佩的，所有社團或是你社區開會時候，站在台上講話的人相信都是最多人認識的人，如果要快速累積大量人脈，公眾演說是一定要會學會的。

- **快速建立信賴感：**

因為你是站在台上的主角，觀眾的心裡會認為你是公眾人物，自然對你產生莫名的信賴感，所以很多詐騙集團也都很喜歡利用集會聚集人群，利用公眾演說來包裝自己，等台下的眾人產生信賴感後，就開始吸金。

古今中外的各界人士都是演講的達人，他們當中有政界領袖人物、企業領袖等各界名人。李開復曾經說過，有思想而不表達的人就等同於沒有思想，近代最偉大的演說家，我心中有四個人選：

第一位是孫中山先生：國父孫中山透過公眾演說、發起十餘次革命起義，最終推翻封建統治！

第二位是歐巴馬：美國總統歐巴馬透過公眾演說、宣揚治國方針，最終獲得大選成功！

第三位是毛主席：中國領袖毛主席透過公眾演說、團結全國各界愛國人士，最終建立新中國！

第四位是金恩博士："I Have A Dream" 美國民權領袖金恩博士發表這個演說時，他只有三十四歲，他徹底改變了人類與美國的歷史，他的演說獲得極高評價。隔天的報紙評論說，他引用聖經的字句，也引用莎士比亞的字句，而且演說「充滿林肯和甘地的精神」：平等、博愛，追求理想，永不放棄。

這些不外乎說明了演講的重要意義，公眾演說表達思想觀念的力量一直影響著今天人們的生活和工作。當然，國外的演說領域和國內的演講，都隨著經濟的發展得到了充分的肯定。

想成為公眾演說高手必須做到三個放下：放下面子，放下架子，放下包袱。

公眾演說是要經過訓練和練習的，公眾演說的課程「王道增智會」每一年也都有舉辦，不敢說是市面上最棒的公眾演說課程，但絕對是 CP 值最高的課程，歡迎您來報名！

6 要有說故事的能力

人際高手都擁有說故事的能力，當他在開發新客戶或與新客戶第一次見面時，常常就是透過說故事的方式來介紹自己，讓自己的「人生經歷」與「專業特長」充分深入對方的印象中。

說故事的時機無所不在，當我們在商場上交換名片的時候，也是說故事的時機，當你跟對方交換名片的時候，可以主動自問自答，製造出說故事的機會，例如，你可以說：「你知道我為什麼要做保險嗎？」接著就利用簡單的故事回答你自己的問題，不要太長，最好三分鐘左右，利用故事介紹自己有很大的好處，例如：加深印象不容易忘記、對方會更專心聆聽、快速取得認同感、容易打動人心等等，如果你用條列式的方式介紹自己，也不是不行，只是你要有很獨特或是很厲害的頭銜，所以你必須事先準備一分鐘、五分鐘、十分鐘的自我介紹故事，這樣你就可以視當下的場合和對方的時間做調整，不然自我介紹都只說姓名、學歷、星座、興趣、職業、專長等，這些是很容易被遺忘的，利用情感等元素把這些條文式的內容串起來，變成一個故事，更能吸引注意力！

2017 年 08 月 19 日台北舉辦世界大學運動會，開幕之前網路對「售票情況慘淡」吵得沸沸揚揚，一週後，情況卻截然不同，閉幕票早就銷售一空！究竟是用了什麼魔法讓售票起死回生？

因為北市府聘請了「懂得年輕人的心」的團隊來操刀，讓原本外界質疑「柯文哲一個人的世大運」連結到台灣人的回憶，廣告的故事標題「其實我們一直都在」，這確實是成功的方式，有效連結台灣人的集體記憶，也讓大家能一起繼續製造回憶，其中之一的成功原因就是說故事。而且是對不同的族群說話，說的話必須是「故事」，其實每個運動項目都可以用成本低的短影片形式用故事的方式描述，這樣可以製作出不同的內容，針對不同的族群來溝通；或者多提及賽事的「地點」，用地緣情感說故事來吸引當地住民買票看比賽。

像「台灣」這樣的舊有品牌，想借活動賽事重塑形象時，一定要描述「故事」，單純討論「運動賽事」讓人興趣缺缺，但如果今天講的是「台灣在國際地位未明朗的艱困情況下辦了世界級的運動賽事，而我們都躬逢其盛生活在其中」，感覺不一樣了吧？

說故事也可以用在生活上，例如你女朋友問你：「你為什麼愛我？」你說：「因為你漂亮，善良、體貼等」這聽起來真是太一般了，怎麼感動人！這些你自己都不相信的鬼話，怎麼還指望她會相信呢？這個時候你需要講故事！

「因為你漂亮，善良、體貼等」只是一個形容詞，一點溫度都沒有，沒有辦法打動人心，一定要透過包裝，講一個你們剛認識時發生的事，將你剛剛的元素包裝進去，再搭配你的口語來描述，把它包裝成一個充滿愛的小故事，別以為愛聽故事是小朋友的專利，事實上人人都愛聽，因此行銷上有著「故事行銷」這樣的技巧出來。

你有沒有想過為什麼人們喜歡看電影，電影結束時當巨大螢幕上的畫面逐漸淡去，前一小時在你眼前發生的槍戰打鬥、豪門世仇恩怨、淚眼汪汪的生離死別……卻還久久不散。此刻原本黑暗的場景變亮了，觀眾席上的你默默地知道戲演完了，應該離場了，依照電影院人員的指示方向，從剛剛驚心動魄的故事中抽身離開，電影院人員打開逃生門，用倉促的聲音，指示出口方向，還順便提醒你，別忘了帶走垃圾……帶著你回到這現實世界。你的理智清楚這一切，儘管如此，你腦中的畫面或許還停留在剛剛電影的畫面中，顯然你的身體還在剛剛的場景中，這就是故事的力量。

但是沒有人喜歡被單刀直入地被強迫聽故事，必須使點「小心機」才行，例如將故事主角換成自己：昨天我在上班的路上遇見一件有趣的事，這樣的說法可以降低對方的防禦心，願意聽這故事。還有很多技巧，例如示弱：我覺得這滿白痴的，有人……先說自己的故事不怎樣，讓對方不會有太高的期望，不過話說回來，學會說故事對自己有什麼好處？說故事是一種容易入門又有效的說話技巧，能夠提升整個溝通品質，你有想過在聽故事時，大腦在幹什麼嗎？從科學上來分析，故事改變的不是抽象的想法，它改變的是更科學、更具體的物質，就是你大腦的潛意識，想要提升個人說話魅力的，可以試著從說故事開始！

那麼故事到底要如何說或如何寫，才能讓顧客想繼續聽下去，聽完後記憶深刻呢？請掌握四大關鍵：

1. 設定目標：

除了把故事說好，你還必須說對的故事，故事的對錯取決於目標聽眾是誰，因此，在構思故事前，要先釐清「聽眾容易對什麼有共鳴」和「我希望聽眾聽完故事後有何啟發」，要盡量了解聽眾的價值觀和關心的事物，才能從最容易打破心防的角度切入，說出最有力的故事。

7 業務上的人脈經營病

通常人脈經營不好的業務員會犯下以下幾種病，如果能將以下七種病對症下藥治癒後，必定可以業績長紅。

藉口病

對於自己不想做的事情，總是喜歡找藉口，因為藉口可以讓自己不用太自責，藉口可以騙自己的頭腦說「不是你不行，你只是不想」，然後就可以讓自己舒服一點，另外對於自己做錯的事，也總是喜歡用藉口說服自己相信：「錯在別人不在我」，所以心裡就舒坦了。

明明健康出問題，胖成那個樣子了，必須要減重了，還藉口說「人生苦短，應及時行樂」，明天再開始運動，其實是控制不了對食物的欲望。明明你害怕去拜訪客戶，卻找藉口說「客戶現在應該在忙，不方便過去，明天再去」，於是明天又再明天。

藉口的用處有兩種，一種是讓自己舒服，二是讓自己不用面對現實，橫豎都是寵自己，所以人們就會習慣性經常使用，如果單純地只是想建立自信，或是讓自己從谷底裡快速地爬起來，找一點藉口安慰一下自己，讓自己不要沉溺於悲傷或自責當中，也不失為一種療傷的方式，但事情一過必須得馬上爬起來，不能讓藉口成為一種習慣，它讓我們像駝鳥一樣，將頭埋在沙堆中不想抬頭面對現實，變成妨礙我們成長的絆腳石，藉口讓我們永遠在原地打轉甚至退步，走不出自己的人生，藉口讓我們得以自欺欺人，總想躲在現實之後。有的時候是我們不想放它走，因為它讓我們有依賴，讓我們找到自憐的位置。因為有它太舒服了，但是它也讓我們停滯，失去前進的勇氣，如果我們不把這個絆腳石搬開的話，我們就只能停留在原地，自己擁抱自己而已。

有一位員工客戶服務做得不好，但是他老是怪客戶機車，起初主管幫著他服務了幾個不同的客戶，但最後他還是在抱怨這個客戶哪裡不好，那個客戶哪裡不好，以為這樣可以讓主管認為不是他不盡力，而是客戶的問題，時間久了之後大家也都漸漸明白他在找藉口，開始對他的能力產生質疑。

藉口可以讓我們躲掉一時的壓力，卻解決不了問題，同樣的問題會換另一種形式再找上我們，怪罪別人很容易，找藉口很容易，激勵自己往前走不容易，迎接挑戰更不容易，但是如果我們老是選擇容易的事情做，就養成了事事都習慣逃避，為了贏得更好的人生，還是得練習拋開藉口，認真面對自己的不足，至少要培養出勇敢面對問題、解決問題的能力。

抗拒學習

學習很貴，不學習更貴，投資自己的腦袋是穩賺不賠的事情，但台灣的學習風氣很差，如果台灣的朋友口袋有十萬元，要他拿出一萬元來學習，大部分的人都不願意，但是對岸的大陸同胞，他們口袋空空，你要他們拿出一萬人民幣出來學習，他們會砸鍋賣鐵來湊學費。有一句話說得很好，「你的一生決定於你看過的書、遇到的人、上過的課。」而這三點透過學習就能辦到，以前上 MMI（有錢人想的跟你不一樣的課程）課程裡提到，如果你停止學習你就邁向死亡，時代進步得很快，不論是每種技能都不斷的精進，尤其是在這個資訊爆炸的時代，你一有個小動作對方就知道你要幹嘛了。人脈的經營也是一樣，如果你不學習，老是用舊方法，不就落後人一截。例如，喬・吉拉德成功經營人脈的方法就是不斷發名片，如果你用他的方式不是用現在網路的行銷模式（LINE、FB、WeChat），還在用古老的方法運作人脈的話，想必你會做得很辛苦，而且未必成功。

猶豫不決病

你跟客戶說事業，他懷疑是傳銷；你跟客戶說學習，他說這是洗腦；你跟客戶說保險，他說這用不到；你跟客戶說投資，他說風險太大；你跟他說要改變，他說我這樣挺好；你跟他說要嘗試，他說萬一不成怎辦？你跟他說要創業，他說我沒本錢；你跟他說要多與人溝通，他說我不好意思；你跟他說成長是痛苦的，他說我想不明白？

當你在猶豫的時候，別人已經在行動了，等人家功成名就時，你說那個方式可以做，但是機會早就過了，也沒有必要去做，猶豫不決比「去做，但失敗了」的結果還嚴重，因為你去做，做錯了、失敗了，至少你知道這條路是不對的，還有修正的參考價值，但如果你老是在原地打轉、猶豫不決，是最糟糕的一件事。

拖延病

美國哈佛大學人才學家哈里克說：「全球有 93%的人都因拖延的壞習慣而一事無成，這是因為拖延能殺傷人的積極性，而成功的人做事絕不拖延。」

有的人想要去認識人脈，想要去參加活動，但是每天都只是想想而已，然後明天再說，或是交換名片後沒有把握黃金 48 小時連絡，老是累積一堆名片也忘記誰是誰。所以你必須學會嚴格命令自己，如：現在就去報名成長課程、現在就去聯繫昨天認識的朋友……等，以此勒令自己立即去做某件事情，以此來培養自己的自制能力，以便及早完成任務。

許多有拖延病的人會檢視他們之前在工作效率上的失敗，並將其視為之後繼續拖延的理由，像是他們會說：「我都已經浪費了今天的大部分時間，那剩下的時間也沒什麼好努力了。」這樣只會讓你一直負循環下去，擺脫不了拖延病。你反而要想我已經浪費了一個早上了，更要抓緊時間在下午把進度追上。就算你整個早上都偷偷用手機抓神奇寶貝，但下午到下班前這段時間，你還是有機會發揮最大的效率，而不要讓之前的拖延成為之後繼續拖延的藉口。

凡是應該做的事拖延而不立刻去做的人是弱者。而成功者則是在事情還新鮮時就立刻去做。只有立即行動、馬上行動、現在就開始，才有可能成功。

三分鐘熱度病

人脈的累積和經營是一輩子的事，三分鐘熱度的經營只能獲得三分熟的朋友，所以請把經營人脈當作習慣，將重心放在開始行動並且堅持每天行動，把它當成習慣來養成，就能治好三分鐘熱度病。例如我們想養成晨跑的習慣，原先的目標是每天 30 分鐘，但是當第三～四天的時候，心裡會犯懶產生抗拒，這時候我們要做的不是逼自己跑完 30 分鐘，而是告訴自己，我可以選擇跑 5 ～ 10 分鐘或者走 20 分鐘，但是不能不行動，過兩天之後，我們就又能恢復正常的 30 分鐘晨跑了。你還可以採用「以嬰兒學步開始」的方法，從小的地方開始做，事情越簡單越容易堅持下去，不追求完美，而是注重開始行動的過程。再如每天進行簡單記錄，讓過程和結果視覺化，能有效增強你的信心。最關鍵的一點還是堅持每天持續進行，漸漸地你就會自然地行動，像呼吸一樣，都是自動反射。

害怕被拒絕病

在建立人脈過程中，一定會有一些人給你臉色看或是反諷，這樣的心理建設和心理準備一定要有，才能避免別人不自覺地來一刀，你的夢想就被殺死，所以關注在對你釋放善意的人身上，並且親近他們。即使是最成功的人，也曾經吃過閉門羹，重點並不是被拒絕與否，而是被拒絕後你接下來採取的行動！此時此刻，不是沈浸在壞情緒裡，而是利用這個機會，從可信任的另一方蒐集更多的資訊，以幫助自己在未來表現得更好。

自我設限病

很多人普遍都會給自己創造一個「自我限制」信念，總是覺得自己不夠好，這樣的想法同時也影響了你解釋周遭事件的方式。就算你今天完美地完成了一項工作，你也只會認為那是自己運氣好、是同事的功勞……。這些信念並不準確，卻會讓你封閉自己的潛能，即使有機會表現得更好、過更好的生活，也會因為這些自我限制的想法而自己將機會往外推。這是因為你缺乏自信，所以只要犯了錯，你就一直責怪自己，認定是因為能力不足，從此再也不願輕易嘗試。這不但對事情沒有任何幫助，也讓你失去很多挑戰自我的機會。要相信自己，告訴自己，你比自己想像中的還棒。

「想像」是不用錢的也不犯法的，所以請你大膽想像你的未來和過程。如果你將過程和結果想得越恐怖，你就不敢前進，但是，如果你將過程和結果想得越甜美，你就會迫不及待地積極執行。

8 自我介紹的能力

自我介紹是很重要的，但很多人都不曾認真看待過它，大多數人都習慣用名片來自我介紹，這種方式完全錯誤，自我介紹要以故事來呈現才是最棒的。因為人人都愛聽故事，不愛聽一板一眼條列式的介紹，所以你一定要把你的自我介紹設計成一個動聽的故事，並準備三分鐘版、五分鐘版的自我介紹，此外還要留意以下原則：

1. 真實故事不欺騙：每一個人都有自己的人生經歷，但是精彩程度就有所不同，不能因為你的人生平淡，你就虛構一些人生故事，若是哪天東窗事發，你的一切都會被人家質疑，不管是真是假，一下子就會被別人全盤否定。
2. 用生活語言不咬文嚼字：很多人喜歡用成語來展現自己很有學問，但是其實很多人是聽不懂的，所以介紹自己的時候用生活化的言語，也會讓人感受到你的親切和平易近人。
3. 適度包裝強化重點：我們的人生故事內容雖然講求要真實，但是也不能都沒有包裝，因為沒包裝的故事稍嫌平淡不夠吸引人，你可以根據事實來包裝你的故事，並適當地強調你要表達的重點，給它添加一些色彩、增加亮點。
4. 不斷修正以求進步：我們不可能一次就將自己的故事講到完美，一定是不斷地修正，然後越講越熟練，越講越好。重點是你要講給別人聽，並且請聽者給你意見，再一步步修改內容，藉著與人分享也可以練習自己的表達技巧，只有不斷地練習和修正才有進步空間。

自我介紹除了介紹的內容，還有一些禮節和規則必須注意，有些錯誤在自我介紹時千萬別誤踩雷區。

錯誤 1：一次給兩張或多張名片

不要第一次見面時就給對方兩張自己的名片，你希望對方幫你推薦好機會，但他們會幫你介紹的機會接近於零，因為你們並不熟，除非對方主動跟你提要多一張名片。

錯誤 2：眼睛直盯對方眼睛

眼睛直盯對方的眼睛是會讓人很不舒服的，如果對方是女生尤為明顯。以前的觀念與人交談是，注視著對方的雙眼才是誠懇的表現，於是不少小孩子是依照這種「標準」、「命令」被教育長大的，「看著對方」是對的，但交談時並不需要「一直」盯著對方雙眼。若想放鬆地看看四周環境、掃瞄一下對方臉部，談到重點時再眼神對看一下，這並沒有什麼不妥的，或者把目光停留在對方人中附近是比較安全的做法。

錯誤 3：把遞名片當做是自我介紹

名片無法取代自我介紹，如果只是簡單地將自己的名片遞給對方，不適度地介紹一下自己，讓對方更進一步認識你，對你更有印象，或是在眾多人出席的會議或活動場合，把名片當宣傳單發是最不明智的，因為可能在活動結束後，你的名片都會被扔到垃圾桶裡。

錯誤 4：沒誠意的握手

隨意敷衍的握手不如不要握手，如果要握手，一定是有自信的、面帶微笑地誠懇握手。

錯誤 5：細數「名人榜」

向對方滔滔不絕地說認識誰、曾和誰共事過，還有和誰一起用過餐等，其實，你講的這些人，聽的人可能都不認識、也記不住的，如果是在求職面試時對面試官說這些，不僅沒有達到加分的作用，還可能會扣分。

錯誤 6：滑手機不在乎對方說話

自我介紹時不專心聽對方回應，還時不時地低頭滑手機，這是很不尊重對方的舉動，也是現代人比較常犯的錯誤。

錯誤 7：天馬行空

與人第一次見面就開始談起自己的風光過往、求學歷史、家庭成員表現，或是如何搭車到會議現場等，最後對方連你是誰都搞不清楚。

錯誤 8：沒有禮貌地插話

還沒等人家把話說完或是對方未示意讓你發言，就急切地滔滔不絕地開始自顧自地侃侃而談。

9 六字魔力法「也就是說對你……」

每一個人最愛的是對自己有益的事情，在人際關係中，你處處替他人著想，對方就會把你銘記在心，但是你要怎麼把很多的事情轉換成對客戶有幫助的呢？

介紹你一個六字魔力的方法，這六個字是「也就是對你說……」。舉例，我有一次邀約客戶去聽一場財經講座，內容是有關於理財方面，因為我知道她喜歡投資理財，他老公會要她交上 70% 的薪水一起做為家用款。所以我的要約方式就是「你去聽這場演講，也就是說對你，可以提升你投資獲利的機會」後來我邀約她加入我的人脈群組，我的說法是「加入這群組的話，也就是說你可以認識很多人，可以互相交流賺錢機會」。我要將公司產品賣給她，但是產品價格比其他家公司貴，我的說法是：「沒錯！我們產品的確比較貴，所以產品品質和服務比其他家好，也就是說對你最好，因為羊毛出在羊身上，將來產品也不容易出問題……」所以我們凡事要把你為客戶做的事情，換做對他的好處。

你一定要買我這一本書，也就是對你說，你的人際關係會進步很快，你的業績和貴人會被你吸引而來。少用「我」多用「我們」，常常將立場轉成朋友的益處，就是多用：「也就是對你說……」。

當我們常常用「也就是對你說……」，對方聽到耳裡的感覺會是你有站在我的立場為我著想，所以對你提出的要求或是方案，對方會覺得你是在替我設想，內心的抗拒點會因而降低，對你的感覺也會不一樣，但是要記住，不是所有事情套上這六個字就好，重點還是要聚焦在這件事情的本身，要確實是對對方有幫助的，不是你單方面的獲利而刻意套上的字眼，如果只是你獲利卻硬要套上這幾個字，對方還是會察覺到你在忽悠他，只要我們內心真心地認為對對方是有好處的時候，才使用這六個字，這樣對方才會有所感覺，千萬不要把對方當作笨蛋。

由於過往台灣的社會文化很容易讓人對自己沒有足夠的自信，所以過去十多年的教育，都很強調年輕人要有自信。這世代的年輕人其實比老一輩健康得多，對自己有信心絕對是件好事，但有自信這件事，常常也會跟著一個副作用，就是覺得只有自己最懂，其他人都不懂，特別是認為公司的高層很笨，其實老闆會做一個你覺得很爛的決定，不代表老闆蠢，通常只是角色立場的不同，自然思考的重點不同。當你坐上主管位置的時候，其實你也很可能會換了位置換了腦袋，做出跟你當初覺得蠢的主管所做一樣的決定，有自信很好，但千萬不要覺得其他人都是笨蛋，當你尊重其他人的時候，你就更能理解他們的想法，擴大自己思考的廣度與深度，這不代表你一定要認同他們的決策，但把他們當笨蛋只會限制了你看事情的角度，世間上沒有真正愚笨的人，所以不要動不動就把別人當成是笨蛋。

政治人物常喜歡把別人當作笨蛋，這樣才能加以利用；古董商人也常喜歡將別人當成笨蛋，這樣才能以假亂真；江湖術士也喜歡把別人當成笨蛋，這樣好騙財騙色；好色的人，也喜歡把別人當成笨蛋，這樣才能苟且偷歡，其實，真正的笨蛋是把別人當成笨蛋的人，因為有很多人都是假裝笨蛋，而非真正的笨蛋。當他要利用你，親近你時，他就會偽裝成笨蛋，讓你對他不會設防。不要把客

做個有幽默感的人

根據一些調查評分，有幽默感的人總能在團體中可以贏得好人緣，而「幽默感」是什麼，很多人都回答說：不就是「搞笑」嗎？

若是單單以結果來說是一樣的，目的都是使人愉悅，但是就內容來說兩者之間還是有很大區別的，通常幽默感是一種被動的策略，發生了事情看到了某些事物，本來是難堪或者令人憤怒不舒服的，通過新的解讀方式，讓人輕鬆，有點舉重若輕的意思。

而關於「搞笑」，則解釋為一種主動的，故意為之的言行，目的是讓別人笑，比較不拘泥形式與方法，可以無所不用其極，難免給人輕浮感，也容易在不知不覺中傷害到他人而不自覺。

邱吉爾（Winston Churchill）曾說過一句名言：「幽默是一件嚴肅的事情。」（Humor is a very serious thing.）幽默感如同兩面刃，用得巧，或許能和緩關係的緊張感與距離感，讓你的個人魅力倍增；若使用得不妥當，便成了人際關係的殺手，比不用還糟，所以請謹慎使用幽默感才能贏得好人緣。

有些人的幽默感是與生俱來的，有幽默感的人，在其談吐之間，也會讓人倍感溫暖。而「幽默感」這種東西，是一種由內而外的「氣質」，話語中的字裡行間，都會讓人覺得他是一個很聰明、反應很快的人。

為什麼他們會被稱為「反應快」，因為他們擅長用語言的技巧，去化解所有尷尬的場面。讓你明白他表達說的點的同時，又不會因為這句話感到生氣，有許多真實的話其實都是在說笑中講出來的。

舉個例子，在你覺得對方的行為有點過分時，如果你直接就說一句「你做得很過份，你是想怎樣？」無需置疑，這句話一定會引起對方的不悅，因為他覺得沒面子加上被教訓了，兩人勢必會吵起來。如果在那樣的情況下，你用一句「剛剛你講的話燒到我屁股了，過火了點！」就能在表達你意見的同時，避開了會一觸即發的正面衝突。

大家都知道幽默感很好用，但是幽默感卻不容易培養，最大的原因在於每個人的反應和性格不同，不容易培養也不是說完全不行，我們要知道那種臨場反應必須在短短的幾秒間脫口而出，要有快速的機智反應，舉電腦的例子來說，就是要有很好的軟硬體，硬體是先天父母給我們的，要升級有難處，所以這部分別太要求，倒是資料庫的內容，像 Google 可以在那麼短的時間內，搜尋到那麼多你設定關鍵字的資訊內容，完全是因為它的資料庫裡面的資料量很大，這是因為 Google 平時就不斷地在收集網路上的資料，並加以整理分類歸檔，為的就是日後要使用的時候才能搜尋得到。

相信很多人都聽過選擇大於努力，那為什麼知道的人還有很多人都沒有成功呢？最大的差別在資料量，怎麼說？

試想，假設 A 畢業後要選擇一份工作，這時候他將面臨很多選項要選擇，例如哪個行業、哪個公司、哪個職務等等很多的選擇題，任何一個選擇都可能影響到他往後的人生，如果這個人平常不學習也不請教別人，那麼在他的資料庫裡面就只有十種選項可以選擇。而 B 他熱愛學習，平時就經常去上一些學習成長的課程，也喜歡閱讀，所以在他的資料庫裡面就儲存很多資料，平常雖然用不到，但是在他需要選擇的時候，腦袋打了幾個自己職涯的關鍵字，例如喜歡的興趣、產業的前景、職務的安排……等，開始搜尋他的資料庫，因為他平常喜歡上課，吸收了二十位老師的人生經驗，每一位老師教導他五個觀念，所以光是上課學習這方面他就有一百個可以供他選擇的選項，再加上他有閱讀的習慣，所以 B 的腦袋資料庫就有百個以上的個選項，相比 A 只有十個選項而言，B 要選擇將來對的機率就比 A 高出很多了。所以說，人生沒有用不到的經歷，只是還沒有用到而已。

培養幽默感也是同樣的道理，若是希望自己能在短瞬時間內就做出反應，那平常就要多看看一些幽默的文章、綜藝節目、短片、新聞線民的神回覆，還有最重要的是——練習。

- 幽默的文章：

現在的電腦資訊太發達，這方面的資料收集真的很簡單，只要在 Google 打幽默文章、好笑文章就一堆可以讓你選。

- 綜藝節目：

以前喜歡看綜藝節目單純就是因為好笑，但它的缺點是一兩個小時的節目裡它的笑點也不過就那兩三分鐘。幸好現在網路方便，不需要你看那麼多沒用的片段，在 YouTube 上面打上關鍵字搜尋，例如「吳宗憲搞笑」、「沈玉琳爆笑」等等都可以找到許多被剪輯下來的片段，個個都是經典中的精華，你可以多看幾次，雖然很多老師都說那是沒有營養的節目，但是我想說的是任何東西都有它的意義，只是看用在哪裡。也許在朋友聚會中，閒聊會聊到吳宗憲節目的相關話題，你是不是就可以馬上套用節目上的橋段，「笑果」

不就出來了嗎？當然如果有些會牽扯到限制級的就要很注意，不夠熟的朋友，建議就不要越矩，還是走中規中矩路線。

• 短片：

現在通訊軟體很發達，建議可以加入一些群組，雖然群組有時候很吵，訊息會很多，但是你可以關閉提醒功能，因為在群組很多人會傳一些有趣的短片和笑話，你可以先收藏下來。

• 神回覆：

雖然很多人都說現在新聞沒有什麼看頭，但是我們要看的不是新聞的本身，就像很多人都會選擇在廣告時段去上廁所，其實電視最值得看的就是廣告，因為廣告都是花大價錢拍的，由許多人合力才拍出來的，因為長度不能太長，所以廣告裡的每一秒都是很棒的點子。看新聞要看網路新聞，因為網路新聞才有辦法看到線民的留言，網路留言會將回覆最多的留言擺在最上面，所以你也不需要花太多的時間去找，那些簡單卻令人噴飯的留言就很值得你它記下來，作為日後有機會運用上或是當笑話講給別人聽。

請記住一點，最有效果的笑話是要有互動的，有點無厘頭又讓對方哭笑不得的，才最厲害的，想要追女友的讀者，以下提供幾個我覺得還不錯的橋段，讓大家視情況使用。

1、

男：我最近想要開始吃素。

女：幹嘛要吃素？

男：因為妳是我的菜。

2、

男：我什麼人都不怕，可是我覺得妳蠻可怕的。

女：為什麼？

男：因為我怕老婆。

3、

男：如果妳是一種泡麵的話，妳覺得妳會是什麼口味？

女：泡菜吧！

男：那我可以泡妳嗎？

4、

男：妳臉上有一個東西ㄟ。

女：有什麼？

男：有我的目光。

5、

男：我發現妳有一個優點。

女：什麼優點？

男：不過妳要先稱讚我一下。

女：你真帥。

男：我觀察的果然沒錯，妳的優點就是誠實。

6、

男：妳覺得妳重還是我重？

女：你重。

男：那妳知道為什麼嗎？

女：因為你胖。

男：不對！因為妳在我心裡。

11 用傾聽贏得信賴

你有多久沒仔細聽人講話了呢？大家都知道傾聽的重要，但有多少人了解它的意義，很多人都希望能「讓人喜歡、博得好感」，殊不知「傾聽力」若運用得好，就能發揮事半功倍之效。在建立人際關係上，「傾聽力」比會說話還重要，所以老天爺創造了兩隻耳朵一張嘴，雖然我們往往容易被說話能力所吸引，但是細細觀察那些人際關係不好的人，就會發現原因可能出在他們只顧自己一直講不停，也不用心去聽別人說些什麼。事實證明，擅於當個好聽眾卻拙於處理人際關係的人很少見，而很喜歡說話卻無法建立良好人際關係的人倒是挺多的。

與人交談時，對於沒打算真心聽我們說話的人，我們會出自本能地關上心房，對於那些敷衍我們的人或許會有形式上的往來，但無法保持更深入、更具本質性和創造性的人際關係。相反地，和很專心聽我們講話的人之間，就能保有互動頻仍的人際關係，在與人交談時你只要負責引導對方，他會把他想說的一切慢慢地透過「說」來對你建立信任感，因為一旦你們談話的次數變多，聊天的內容也多元的時候，自然就會講出一些心中的秘密，這時候你的信賴感在他心中的位置會不斷地提升，甚至你都沒有說什麼話，他還會覺得你口才不錯，因為你讓他抒發了說話的情緒。

每當我在上課講到這段的時候，很多女生就開始抱怨老公回到家就跟木頭人一樣很少講話，反倒自己喋喋不休講個不停，這是因為每一個人都有講話的基本需求。根據調查統計男生每天要講七千個字，女生每天要講兩萬個字，將近是男生的三倍，而男生的七千字額度通常在白天工作八、九個小時內把它講完了，回到家當然就沒有講話的需求了。但是他老婆的情況就不一樣了，她一個人在家帶小孩，跟小朋友說「吃飯飯」「睡搞搞」等等的字眼，這個並不叫做講話，所以她兩萬個字的說話需求，必須在老公下班回家到睡覺前的三個小時內說完，才能抒發這一天的情緒。所以當一個人講話這個情緒被滿足了之後，自然對你的信賴感就會提升。

如果想要建立更美好的人際關係，以及提升學習能力或工作能力，我們就應該投入更多心力在「傾聽」上面，傾聽並非只是茫然地聆聽對方說話，有時候我們自以為有仔細聽對方說的話，但其實並沒有。測試的方法是如果無法重述一遍對方說的話，就不算聽進去，只能算有聽過。

當我們試圖要仔細傾聽對方的時候，會發現自己原來極度缺乏這個能力，這是因為一直以來我們幾乎都是「說」比「聽」還要多，並沒有刻意做這方面的訓練，所以很多人因為無法突破這點而備受困擾，雖然很想在工作上有好的表現、很想建立良好的人際關係，但因為缺乏「傾聽力」而諸事不順。

舉例來說，傾聽時的氛圍與態度會投射出這個人的特性，並傳達給對方，這麼一來，對方會本能地決定自己要跟這個人保持多少距離，或是如何相處，有哪些地雷不可以觸碰，做不到傾聽的人，就無法體會與對方心靈相通，並產生新點子或新發現的喜悅，也無法建立創造性的關係，在不具創造性的人身上，人們會找不到其價值，而且一個人的魅力往往在於傾聽力。

一次 KTV 的聚會，朋友找了他那邊的朋友來，當中有一個女生唱了一首 A Lin 的「現在我很幸福」這首歌，因為我很喜歡這首歌，所以我就停下一切專心聆聽那位女生唱這首歌，其他的人不是在聊天吃東西就是在滑手機，只有我很專心地在聽歌，這一首歌結束後我還拍手，後來她主動過來找我聊天，說她沒有碰過那麼專心在聽她唱歌的人，一首歌唱下來，她感覺自己被重視，而且她覺得我懂她，認為我跟她的磁場很相近，她來找我聊天時因為現場也比較吵，所以我們講話必須靠得很近，那次也大多是她講我聽，但是之後我和她就成了好朋友，並且只有要有聚會她都會問我要不要去，我在她心裡的信賴感從那次瞬間從不認識的陌生人，馬上提升到好友，全都是因為「傾聽」，如何強化「傾聽力」呢？以下有四個小撇步讓你成為好聽眾。

1. 總是引導對方說更多

人總是很難洞察自己內心真正的想法，容易受枝微末節的事物影響而分心；因此，好的傾聽者絕不會只以「然後呢？」來敷衍對方，他們總渴望了解更多、更深入，同時細心記下你闡述的內容，將事件的表象與背景連結起來。有好的傾聽者與你一同檢視細節，你的思考將能更完整，你可以這樣說「你剛剛說的是代表什麼意思呢？」或是重複他說的片段，讓他覺得你很在乎他的事情，一旦讓他覺得你很在乎他，他就會慢慢地交出他的真心，你們的信賴感將會馬上提升不少。

2. 問他當時的感受

大家常用「好、壞、討厭」等含糊的形容詞闡述一件事情，卻忽略深入探究「為什麼有這種評價和感受？」當他在描述一件事情的時候，他只是在交代而已，但是你問他：「當時你的感受是難過的嗎？還是開心的呢？或是憤怒的？」一旦他有回應他情緒上的描述，就變成是他內心的話語，而那些話背後的意義自然就全盤托出。

3. 不要說教

高度競爭的社會裡，人人都不喜歡被視為失敗者，所以害怕向他人傾吐煩惱；但是與好的傾聽者對話不會令人不安，因為他們不會逼你接受建議，只會適度給予正向回饋，無論你提出了多蠢笨的問題，都不會遭到嘲笑或羞辱，因為他們在乎的是如何協助你，而非傷害你。

4. 不會只因立場不同就批評對方

可能許多人認為「意見不一就只能對立」，但好的傾聽者能區分「對人」與「對事」的不同，即便意見相悖，他也會溫和地與你釐清彼此想法。

現在是資訊爆炸、人工智慧當道的時候，許多艱澀的問題都可以交由機器、網路資訊來解決，但是，人與人之間的相處，則需要更多的軟實力來經營，而其中，「傾聽力」就是一個很好的開始，藉由專心傾聽，無論是同理心的培養或是正反思考的轉換，都能幫助我們經營出更融洽的人際關係。

★請花點時間思考★

- **本章所介紹的技巧哪一個適合你？請寫下來：**

1. ____________________
2. ____________________
3. ____________________
4. ____________________
5. ____________________

- **針對你寫的五種方式你要用到哪一位客戶上？為什麼？**

人名：______________哪個方法：____________________

如何使用？詳細寫下來____________________

人名：______________哪個方法：____________________

如何使用？詳細寫下來____________________

人名：__________ 哪個方法：________________

如何使用？詳細寫下來____________________

人名：__________ 哪個方法：________________

如何使用？詳細寫下來____________________

人名：__________ 哪個方法：________________

如何使用？詳細寫下來____________________

Chapter 7 開始要求業績才會來

1 別變成大仁哥（工具人）

業務默默的守候在客戶大人身邊，當客戶需要你的時候就伸出援手，當客戶心情煩悶的時候就陪聊天，當他受傷的時候，你就義無反顧的把肩膀挺出來，這種「大仁哥」的行為，在客戶眼裡到底是「暖男」還是「工具人」呢？

暖男 V.S. 工具人

首先先說明「暖男」跟「工具人」根本是完全不同的。

1. 主動性：

暖男是主動發現需求，提早一步準備；工具人是被動的，隨時聽候差遣。

暖男對於客戶的細微表情與需求都觀察入微，會很自然且主動地展現可以幫忙的心意。例如，我曾經有一次人發現客戶太忙，就主動花三天時間幫他蒐集整理他要的資料，做成報告交給他，讓他可以用我整理的報告上交給主管，結果他的主管超滿意，還升他為專案的負責人，當然我也在那次主動的幫忙下得到最大的業績回饋。

2. 核心價值：

暖男提供心靈慰藉，工具人提供生活便利。暖男提供的是讓你有很緊密的信賴感，把你當作可以談心的朋友，開不開心都會與你分享，心靈層面居多。工具人則是物質性居多，例如吃飯買單，需要司機的時候，團購要湊人數時才會想到你。

3. 情蒐重點：

暖男關注內心世界；工具人關注行蹤作息。不論暖男還是工具人，對於客戶的「情報蒐集」工作都是少不了的，但兩者看重的重點有所不同！暖男著重在客戶的心情、想法與價值觀，所以在聊天的時候，會透過各種話題，讓客戶盡量多說自己的想法，藉此了解客戶的內心世界與情緒波動。至於工具人，為了找到發揮的機會，則特別留意客戶的行程、何時要放假、還有幾點下班之類的資訊。更糟的是，有些工具人為了強調本身「功能強大」、「方便耐操」，還會刻意強調自己在任何時間隨傳隨到，這種做法的問題在於，吸引到的客戶很可能只看上你的功能，而不是喜歡你這個人！一旦客戶身邊出現暖男，就移情別戀了。

4. 溝通策略：

暖男擅於提出問題，工具人喜歡回答問題。暖男為了了解客戶，喜歡拋出問題，透過客戶的回答來描繪出客戶內心的想法，但工具人的思維比較看重功能展示，所以當客戶在說話時，他們心裡會一直找機會想要貢獻客戶些什麼，這是多數業務示愛的標準方式，但客戶往往不買單！

暖男比較重視問題的分析與解決而非心靈的連結與交流，這也就造成多數業務，會覺得提供實質有用的幫助才是對的，而不去跟客戶談心，聊些業務不相干的話題，如客戶的家庭、興趣、感情等，就是這種觀點造就了很多的工具人兵團，有句話說人們總是習慣用自己喜歡的方式去愛對方，但結果往往差強人意！

5. 陷阱問題：

暖男擅長多種球路，工具人偏好直球對決。

客戶有時候會突如其來地蹦出一些「假設性問題」，這種問題根本是殘酷舞台，答得好，訂單馬上來；答錯了（甚至出現遲疑），那就……很多業務尤其是沒有受過專業訓練的業務，往往沒看出陷阱，而選擇忠於事實，於是就被歸類為工具人而非暖男的群組！

請做客戶的「暖男」，而不是有求必應的「工具人」，暖男就是要貼近對方的心，並且為你打開他的心房，在與人互動的時候如何更貼近對方的心，要貼近對方內心的關鍵，就是讓他人對你放下心防。當你和客戶的信任度夠了，就準備開始捏球吧！（開始要求業績！）

與他站在同一陣線

讓他人注意你、喜歡你的方法，很重要的一點是你要跟他站在同一個陣線上，一起幫他解決問題，像我以前的女同事，她和她先生結婚，就是因為她與她先生站在同一陣線解決問題，她的先生因為喜歡一個女生，卻又不敢說出口，我那位女同事就跳出來幫他，沒想到那個女生沒有追到手，卻促成了他倆的姻緣了。因為當初她先生膽小不敢去約那個喜歡的女生，這時候我的女同事就非常勇敢地站出來幫他解決問題，補足了他性格上膽小的這個部分，為什麼這個關鍵很重要呢？

那是因為很多時候我們在交朋友或是我們在追求某個對象時，往往都是不停地付出，並沒有認真想過對方想要什麼，只給他你認為他需要的部分，而不停付出會帶來三個不好的負面效應：第一，你會讓對方倍感壓力，因為你的付出，不是他想要的話，他又不好意思拒絕你，可是你又一直給，他會感到很大的壓力；第二，你會感覺自己變成工具人，因為你不停地付出，但對方並沒有你預期中的開心，你會失落並懷疑自己，會覺得自己不夠好；第三，最關鍵的點是，無論你再怎麼做都沒辦法達成你想要的結果，於是你沒有辦法讓對方真正對你放下心防，無法讓對方真正與你相處。如果你希望對方放下心防，並感受到對你的關心，而注意到你的話，最重要的一件事情就是——你讓他覺得，你是與他站在同一陣線一起解決問題的夥伴。

如何能達到這樣的目的呢？一般來說我們沒有辦法去解決他的問題，或是沒有辦法去協助他，是因為我們沒有發覺到他的需求，還一直問對方說，你到底需要什麼？你想要什麼？但問題的關鍵就是：對方真正的需求他是不會說出來的，人們通常不會主動說出自己的想法，因為很多時候我們自己都不知道需要什麼。

一般來說，人們需要的和想要的都是自己性格不足的部分，而且希望被補齊的，比如說我那位女同事的先生，對追女孩子這方面非常膽小，所以我同事就協助他變成勇敢的人，替他補足性格上的不足部分。每個人都有各自性格特色，也一定有不足、較弱的地方，而這個性格不足的地方，正是我們需要、想要的。所以你想要幫助某一個人的時候，並想和他站在同一陣線的話，關鍵並不是不停地問他：「你需要什麼？」然後去滿足他這些需求，而是主動發現對方的性格裡面缺少什麼，然後幫他補足這些缺陷或是鼓勵他增加這樣的性格特色，這才是與他站在同一陣線的做法。

具體來說，你想要打破某一個人心防或是你想要與他有更進一步的接觸的話，你得先觀察他，觀察他的性格特色，並且把這些性格特色記錄下來，並且去分析，比如說，膽怯、勇敢、積極、冷靜、理性、感性這些都是屬於性格上的特色，你得先觀察分析，知道他是什麼樣的一個人；第二個是當他有這些特色表現出來的時候，隱性的他一定就有缺少的一些特質，可能是猶豫、衝動、不理性、不善於思考等等，這些可能是他所缺少的特質；第三個步驟，去鼓勵他或是幫助他補足這些特質。

我們要掌握以上這三個關鍵，請先觀察你的客戶有什麼特質，再分析他缺少什麼特質，最後協助他一起把這些缺少的特質開發出來，甚至鼓勵他讓他跟你一起把這些特質補足，這樣對方就自然會對你放下心防，因為你是真心的想要幫助他，同時也可能成為你的知心好友。

★請花點時間思考★

1. 你的主動性是暖男還是工具人
    - 屬於：
    - 如何改進：

2. 你的核心價值是暖男還是工具人
    - 屬於：
    - 如何改進：

3. 你的情蒐重點是暖男還是工具人
    - 屬於：
    - 如何改進：

4. 你的溝通策略是暖男還是工具人
    - 屬於：
    - 如何改進：

5. 你的陷阱問題是暖男還是工具人
    - 屬於：
    - 如何改進：

情願捏破這顆球

我們變成「大仁哥」有很大的因素是怕破壞關係，不敢去捏破「關係」這顆球，也就是說我們跟客戶有了很好的信賴感，但是遲遲不敢要求訂單，因為你怕你一提出來，會讓對方覺得好像你之前對他的好，都是為了要做他的生意才會對他好，以至於你很難找時機開口。

關係經營太好也會怕失去這朋友，經營不夠又不敢要求，是不是感覺很兩難呢？

之前我做保險的時候，有一個朋友也是經營很久，已經到了死黨的地步，但是我還是不好意思要求他跟我買張儲蓄險保單，每次缺業績的時候，我都會想到他，心想應該可以建議他買，但是就是開不了口，深怕我跟他的交情會因此打折扣，這顆球我就握在手裡，有時候看著它，很想捏破它看看裡面是「買」還是「不買」，直到有次我們聚餐時，他問我說：「你們公司儲蓄險的十年期利率多少？」我那時候眼睛一亮心想「終於」，我就問他說你問這幹嘛？（還裝作沒有積極要推他保單的樣子），沒想到他說：「前陣子我跟一個銀行前面認識的小姐買了一張保單，保單昨天送給我，想問一下你公司利率多少？」，當場我的心就涼了一大半，還一臉正經地問：「你怎麼沒有找我買？」，他很自然地回答說：「你沒有說啊」，我才明白，原來他本來就有要買保險的需求，只是我沒問他，他也覺得可能我業績好，不需要他跟我買，於是就跟剛好有這個需求的人買，所以我經營那麼久的信賴感卻沒有用到它。

經過那次教訓後我學到了經驗，我懂得有技巧地去捏破這一顆球。有次有位獅子會的朋友，也是信賴感很不錯的朋友，我約他喝下午茶，準備輕輕地先捏一下，到了現場我們點了咖啡點心，閒話家常了一陣子，我就提出我的保單計畫，他就問我一年要多少錢，我就說：「一萬美金，約三十萬台幣，要存二十年」，當下說出這計畫，我心裡頭其實是很忐忑的，因為覺得二十年期太久，儲蓄險很少人買二十年期的，而且每一年要存三十萬。結果他看了我給他的建議書，讓我稍微解釋保單內容後他就同意投保了，當下其實我是覺得「怎麼會這樣容易」的感覺，那一次的確也讓我深深體會到，你如果不敢要求，就是有再多的信賴感在提升業績這方面是沒有幫助的。

★請花點時間思考★

- 你現在心中是否有這一顆球不敢去捏破呢？請寫下來，並且給自己期限去捏破它。

1、＿＿＿＿＿＿＿＿什麼期限前要去完成＿＿＿.

2、＿＿＿＿＿＿＿＿什麼期限前要去完成＿＿＿.

3、＿＿＿＿＿＿＿＿什麼期限前要去完成＿＿＿.

4、＿＿＿＿＿＿＿＿什麼期限前要去完成＿＿＿.

5、＿＿＿＿＿＿＿＿什麼期限前要去完成＿＿＿.

3 服務價值遞減定律

這邊想先跟大家談一個理論，為什麼要在你給對方一個利益或幫大忙後，要立刻要求好處，你聽過「服務價值遞減定律」嗎？——任何貨品的價值會隨著時間長短波動，你對顧客所做的讓步和給的利益，也會馬上失去它的價值，完成服務後，服務的價值會隨時間快速遞減，兩個小時內這價值就會大量遞減。

房仲業務人員對於這個服務的遞減定律就深有感受，當賣方的房子還找不到買主的，賣方提議給房仲員賣價的 4% 作為佣金，乍聽之下不會太多，但是一旦房仲人員，找到有意買房子的買主，突然這 4% 的佣金，在賣方心中好像變得很多似的，4% 那可是一筆大錢啊，賣方開始盤算，想說那名房仲員又沒有做什麼事，他唯一做的事情，就是把房子放到他們的網路上賣而已，但其實房仲員做的可多了，只是客戶沒看到，所以切記：提供服務之後，服務價值總是快速遞減。

我相信你一定有類似的經驗，跟你做生意的客戶突然打電話給你，他們驚慌失措地表示，因為大盤的供應商沒有辦法如期交貨，現在他們公司出不了貨，會面臨斷貨，要給客戶的貨也交不了，將被罰大筆的違約金，於是找上你幫他們變出奇蹟，把大盤的貨給他們，所以你就沒日沒夜地幫他們調貨，並分配所有的發貨，終於皇天不負苦心人，你在期限內完成任務，讓他們公司得以順利發貨，解除了斷貨的危機，你甚至親自到現場監督情況，而客戶更是對你讚不絕口，覺得你幫了他一個很大的忙，你這時候也很驕傲地說：

「我熬夜做了哪些準備和努力，甚至一個晚上都沒有睡，很是值得。」客戶不好意思地說：「簡直不敢相信你為我做了那麼多，你真的是太厲害了，真是愛死你了。」你回應說：「我很高興為你服務，下次如果有必要的話，我們一定會再次這麼做。」這時候你還要打鐵趁熱地說：「那可不可以考慮之後都由我們公司來專門為你供貨呢？改由我們公司供貨，就不會有斷貨的情況。」他回答：「聽起來很不錯，但是我現在沒空跟你談這些，我必須先趕到工廠，確定出貨一切順利，這樣好了你下週一早上十點到我辦公室，我們再好好談一談，順便我請你吃個午餐感謝你的幫助，你實在太棒了！謝謝你！」

故事發展到這裡，你心裡肯定會這麼想：「我就要拿到一筆大訂單了。」但是星期一終於來到了，你發現和那位客戶談判的狀況還是跟以前一樣艱辛，他當初說的一切都變了，而客戶心裡卻是這麼想，他覺得你幫他調貨是應該的，因為你也賺到這次的佣金，所以幹嘛要特別感謝你。請問這當中是哪裡出了問題呢？

答案是，因為服務價值隨著時間遞減的原因，「服務價值」總是在完成服務後，快速消失，所以服務完客戶或幫客戶一個大忙後，就要當下要求回饋，不要錯失良機，別以為你幫了一個大忙，他們欠你一次，就會找時機補償你，但時間拖得越久，你的服務在別人的心裡，價值就會迅速遞減。同樣的理由，我們應該當場就把費用講清楚而不是事後再討論，例如水電工他們在做工之前就跟你談好價格，而不是完工之後再談。有一次我請水電工來家裡修東西，他看過之後跟我說知道問題是出在哪裡，他可以修好，但是總共要一千元，我說沒有問題，你趕快修吧！你知道他花了多少時間修好嗎？才五分鐘就修好了。於是我不滿意了，我說：「你才處理了五分鐘就要收一千元？」我那時工作一天收入也不過才一千元，那時候我對他服務的價值在他服務完成後快速地遞減。這就是為什麼水電工是做工前跟你談價格而不是施工完後再談。

所以，請記住以下重點：

- **物品的本身價值可能增值，但是服務的價值總是遞減。**
- **別以為你做的讓步對方以後就會有所回報。**
- **提供服務之前先把價錢談清楚。**

當顧客向你要求好處的時候你應該自動要求回報，例如你賣產品給客戶的時候，談好六十天之後交貨，但是才過三十天，他就突然打電話給你，希望可以三天後交貨，因為他們那邊出了些狀況，導致必須提早交貨，這時候賣方的你會怎麼想呢？

你會覺得反正貨就在倉庫裡，提早交貨自然是沒問題，還能早點收到貨款。如果情況許可，你甚至可以明天就把貨給客戶。你這樣想本意也沒有錯，但是我仍建議你可以順勢談一談交換條件，你可以表現出一臉為難地說：「老實說我不知道可不可以提早交貨，我必須跟上面的人談一談。」言談中表示若要趕進度，甚至跟現場工人一個個溝通拜託，看看他們有沒有辦法幫忙，然後大膽提出你的要求：「但我想知道如果我幫你，那你能幫我什麼呢？」

當你做了這樣的動作後，可以有以下好處：

1、你真的可以得到一些好處，例如貨款的票期縮短、得到下次訂單的承諾等。

2、任何情況下都不要做免費的讓步，所以當你要求回報的同時也要提高你讓步的價值，就可以當作你成交之後，交換的條件。例如你跟對方說：「我這次幫你打點了全公司才能提早出貨，公司主管對我不諒解，是不是在票期方面給我方便，我才交代得過去。」

3、可以停止對方的蠶食，因為對方知道每次請你幫忙，你總是要求回報，他們就不會再這樣肆無忌憚地跟你要好處，所以當顧客向你要求好處時，你應自動要求回報。

那麼，如何要求回饋才能既得到想要的，又不會引起客戶反感呢？

- 如果你這樣說：「假如我這樣幫你，你就必須這麼做……」→這句話過於直接，讓人聽了易生反感。不建議使用！當對方請你幫忙的時候，要避免語氣過於直接，當然你會受到誘惑，想利用情勢，趁機要求一些你想要的東西，絕對不能這樣直接地趁火打劫，因為談判可能會破裂，讓一切白忙，還可能會破壞之前辛苦建立起來的信任關係。
- 可以改成「假如我這樣幫你，那你可以怎麼幫我呢？」→這句話一定要背下來，當你這樣問的時候，對方很可能回答什麼都沒有，但他也因此欠了你一次人情，或者客戶也只是說我們還是會繼續做生意優先考慮你的產品，都沒關係，反正有要求好處多多，況且，你沒有什麼損失的。

蠶食攻勢的技巧

蠶食攻勢的訣竅在於一開始只要求一點點，之後在談判的過程中越加越多。我發現孩子們天生就是這方面的專家，為什麼這樣說呢？因為他們從小到大每一件事物，都是利用談判技巧而得來的，他們根本不用學任何優勢談判的課程，但是你卻可能需要，因為學好優勢談判，這樣在扶養孩子成長的過程中，你才能立於不敗之地。

我一位獅子會的朋友，他小女兒高中畢業後，跟他要一個畢業禮物，在她的心中有三個目標，第一是她想去美國自助遊一個月，第二她想要三萬元的零用金，第三她想要有一個新的旅行箱，她很聰明地不同時要求這三件禮物。朋友的女兒先跟他討論度假的事情，而我朋友同意了，他認為小孩應該出去走走看看。幾個星期後他女兒給他看一篇部落格的美國自助遊遊記，因為人們比較容易相信書面上的東西，結果那篇遊記上面建議，去美國的零用金要三萬，於是他女兒也成功要到了三萬元。最後在出國的前三天，她跑來跟她爸爸撒嬌說：「爸！你不希望我到美國的時候，還提著舊行李箱吧！這個行李箱已經用好多年了，而且這次是要去一個月……這個行李箱不夠裝耶。」就這樣新的行李箱也成功要到手了。假設她一開始就要求三件東西，她爸爸一定會和她談判，先把行李箱刪除，同時也會把零用錢打個折扣。

 蠶食攻勢在商場談判上的應用

蠶食攻勢的意思就是，如蠶吃桑葉般一口一口地吃，讓對方不知不覺一步步地讓步；其好處是，第一可以讓你與客戶的合約變得更好，第二能讓客戶同意先前絕對不可能答應的條件。

為什麼蠶食攻勢的方法這麼有效，心理學家在賭馬客身上做了一些測試，他們研究這些賭客下注前與下注後的態度，研究人員發現在下注前賭客們相當不確定並且擔心，你可以把這些賭客想像成你的客戶或是要談生意的公司，他們從來沒有和你談過生意，你也許在銷售產品或服務方面表現得不錯，但因為第一次和你做生意，客戶心裡會有些不確定和擔憂，研究賽馬場的心理學家發現，賭客一旦決定下注，他們會對剛剛所做的決定感到滿意，而且在開跑前加倍下注。總之，一旦他們下決定後心理就開始有了大轉變，下決定之前他們百般掙扎，一旦決定後他們又是百般支持。如果你曾經有過賭博經驗的話，應該能瞭解那種感受。

賭場上賭客等著下注，莊家旋轉轉盤，在結果出來之前所有賭客會紛紛加注，所以人們的心智會選擇加強剛剛所做的決定。我曾經在一個演講會場上問過學員一個問題，因當時的威力彩獎金高達三億，在場的聽眾幾乎都有買威力彩，為了解釋人們的心理是如何加重剛才所做的決定，我試著向在場的聽眾說我想買他們手上的威力彩，你認為有人會賣給我嗎？

不！他們才不賣給我，我即使出票面價的 10 倍價格也沒有人要賣，我確定他們在買威力彩前並不確定自己會中獎，覺得機會渺茫，因為中獎機會是幾千萬分之一，但是他一旦下定決心，他們就

拒絕改變心意，心智加強了先前所做的決定，就是這個意思。

優勢談判過程，就像推一顆球上山，這顆球是塑膠做的，比你身體還大，你使盡吃奶的力量希望將這顆球推上山頂，山頂就是談判的過程中初次完成的協定，一旦你到達這個點，那麼再將球推上山頂的另外一邊，就非常輕鬆了，因為初次同意後客戶的心裡是舒暢的，他們會感覺全身放鬆，沒什麼壓力，他們的內心轉而加強剛剛所做的決定，對你的提議也比較容易接受，所以當客戶願意向你買任何產品的時候，就是你再次努力的時候了，一般的業務人員與超級業務，差別在於超級業務，總是再嘗試第二次，即便他們知道客戶很有可能會拒絕，但是他們還是想嘗試第二遍，所以請你在最後關頭再努力一次，比如你在打包東西的時候，你說服客戶應該買最上等的產品，因為他有這個財力，若沒有談成，你就先擱下這個話題，但是在他離開前你就再試一次，或當你們已經達成協議，你突然說：「我想讓你再看一眼最好的款式，我並不是對每一位客戶都推薦這一款，但是因為我覺得這個產品非常適合你，而且每個月只要多付一千元而已」。客戶可能這時就會改變心意回答：「好吧！如果你極力推薦那款的話，那就來談談吧！」

假設你賣的是辦公室設備，你的銷售案包含有售後服務契約，當你對客戶說明這個方案時，客戶說：「我們不在意售後服務保證，我也明白你們主要是靠這個服務專案賺錢，我們公司很有錢，真的需要售後服務的時候，到時我們再付費就好了。」這時，你可能會想，那就不用再向這位客戶推這個方案了。但是，假設你有勇氣在對方離開前這麼說：「您要不要再了解一下服務內容，因為如果有買這個服務保障，我們會優先處理你的問題，而且有我們技術人員的監督，同樣的問題不會再次發生，使用期限也會變長，而且每個月只要多付 500 元而已。」你的客戶很可能會因此鬆口：「好吧！如果你覺得那麼重要的話，那你說明一下。」所以每次在最後關頭再努力一次，就有機會說服客戶之前不同意的事項。

另外一方面你也要小心別人對你的蠶食鯨吞。談判過程中你會有非常脆弱的時刻，那就是當你以為整個談判過程已經結束的時候。我確定你人生過程中一定也碰過類似這樣的情形。例如，你是賣汽車的業務，有客戶找你買車，你因為訂單談成而相當興奮，在進行所有問題協商之後，客戶坐下來準備簽約時，他突然抬起頭對你說：「可以加上第一次的免費加油吧！」這時處於談判最不利的原因有兩個——

➢你才剛和客戶談妥，馬上就要簽單了，心情很好，通常心情好的時候你會大方給平常不輕易給的東西。

➢你會想：「天啊！好不容易才把條件都談好，我可不想重新討論再重來一次，假如再討論一次的話，我可能會失去這筆生意，這點小事就讓步給他吧！」

所以客戶決定購買的時候，也就是你談判戰力最脆弱的時候。

你剛完成一筆大買賣的時候，心情相當興奮，還沒打電話回報主管這個好消息，這時你的客戶也對你說，他需要打電話回公司知會採購。當他打電話時，把手遮住話筒的時候，特別問了你一句：「對了！那個貨款的票期可以多開一個月嗎？其他的廠商還在等這個訂單了。」小心你的客戶這樣最後咬你一口。他們最會利用這點，因為你剛完成一筆大買賣，不想重新談判，怕煮熟的鴨子飛了，打算以此逼你讓步。

你必須對抗並避免讓步的可能，你可以這樣試著減低買主要求讓步的可能性：

1. 用書面文字告訴他們任何額外讓步的代價，列出相關條文，手邊多放些資料，讓客戶知道讓步的成本，列出各項花費，例如員工教育訓練，機器安裝，額外保固等。
2. 別讓自己有讓步的權利，拿主管當作擋箭牌，讓主管當黑臉，當顧客向你要求的時候，你的正確回應就是溫和地向客戶說明你沒有權限，讓他覺得是自己提的要求不合理。

這麼做的時候請留意，因為你正在談判，所以你要始終面帶微笑地說：「拜託！你知道這價格是只有你們才是這個價嗎？」這是當別人使用蠶食鯨吞政策的對應之道，臉上掛著笑容，他們才不會覺得被冒犯。

蠶食攻勢的注意要點：

1. 在初次確定後，提出對方讓步的要求，時機對的話可以要到之前要不到的東西。
2. 客戶在下定決心後，可能因此改變心意，你可以說服客戶多買一些，或是讓產品升級或是購買其他的服務 。
3. 願意多花一些時間再努力一次，這是區分一般業務和超級業務最主要的方法。
4. 要停止客戶向你施討小惠，把各種服務條件利用文字向客戶說明，不要告訴客戶其實你有讓步權力的。
5. 當客戶要求小惠的時候，讓他們覺得自己很壞，請注意禮貌，不能傷人自尊。
6. 避免談判過後又開口要求小惠，要先將每一個細節都講清楚，同時用技巧讓客戶覺得有購買的需求。

蠶食攻勢如何用於人際交往

這部分我打算另外寫一本書來說明，簡單來說就是人脈的轉介紹，利用蠶食般的吃桑葉一口一口地慢慢吃，在不知不覺中將對方的人脈圈也變成你的人脈圈，懂得轉介紹不必擔心沒有客戶可以開發，因為每一個人的背後都代表者一群人脈圈，現在你要認識世界上任何一角落的人，只要透過四個人就可以幫你介紹認識，所以學會轉介紹，世界的人脈都將是你的客戶。

假設人與人之間就算不認識還是有某種關連的「小世界現象」。根據微軟 MSN 資料庫，研究人員發現，陌生人之間的「人際間隔」平均為 6.6 個人，簡單說就是這世界任何角落的兩個陌生人，只要透過六個人當仲介，就可以和彼此拉上關係。這個假設因此又被稱為六度分隔理論，當他在 1967 年提出這套理論時，全球化網路與社群網站尚未成形，所以這個理論難以印證，沉寂近三十年後，這套理論因為同名電影而突然爆紅，從學術紙堆中被翻出，今天 Facebook 之類的 SNS 網路社群就是六度分隔理論的最好證明，朋友的朋友剛好又是親人的弟弟的朋友，女友的妹妹的朋友的表弟就是姊姊的家人，讓人驚呼世界如此之小。

不過短短數年不到，這個擁有四十年歷史的理論已經過時，因為根據最近的一個研究，現在是「四度分隔理論」了。是的，現在你與全世界任何一個人的聯繫，只需要四個人就可以達成。

「六度分隔理論」在 2008 年被證實，當時的研究依靠 Facebook

的數據資料庫和流量訊息、地域關係，論證人與人的聯繫環節為5.28人；約莫三年的時間，今天的研究已經證實全世界每一個人之間的聯繫間隔環已經縮減到3.57人。在一些網路高度化的國家，這個數字會降低；如果是連結本國或同語文的「陌生人」，這個數字還會更低，可以預測，隨著全球網路化與資訊的普及，這個數字還會不斷下降，「四海之內皆兄弟」將不再是俗諺。

以下是人脈轉介紹應有的心態：

- 有要求就有機會

  與朋友交往的過程中，只要時機恰當，不妨試著要求朋友介紹他的朋友與你認識，當然前提是你們要有一定的信任度，你自己本身也要是值得讓人介紹認識的朋友，自己要強大自然會有很多的轉介紹。

- 認為轉介紹是理所當然認識新朋友的方式

  很多人認為交新朋友一定要有共同的生活或交集，例如：同學、鄰居、同事等，忽略每天在你身邊的朋友，他們背後的朋友也是你可以認識的朋友，一旦你把轉介紹視為理所當然的方式，你就能很自然地要求朋友幫你轉介紹他的朋友。

- 隨時隨地主動出擊要求轉介紹

  轉介紹不是要有特定的日子或時機，基本上你熟悉了轉介紹的步驟，隨時隨地都可以主動要求，除非你是名人，才有可能會有很多人要轉介紹朋友給你，主動出擊，馬上行動，是轉介成功的主要因素。

- 把轉介中心當恩人

  這世界上沒有什麼是應該的，別人對你好，我們要懂得感恩，受人滴水之恩，當以湧泉以報，懂得感恩的人才是最有福報的人，別人願意把朋友介紹讓你認識，表示他信任你，因為他願意介紹朋友給你認識，表示他也要負擔如果你不好的風險，別人願意為你冒風險我們要懂得回報，形成一個善的循環。

今天就馬上行動

是的！在你看到這本書的時候，你等一下就該拿出筆和紙，列出你的好朋友，想看看你有沒有哪個類型領域的朋友想認識，請他轉介紹給你，主動出擊，你朋友會很樂意介紹給你認識的，因為你要的是使用權，不是所有權，所以他們會樂意幫你轉介紹。

多少人在苦苦追求成功，然而他們總是停留在口頭上，總有人在苦苦的詢問人脈建立的方法，即使他們得到了方法又怎樣呢？

唯有馬上行動，才是成功的不二法門，怎樣才能成功？有人說最重要的是要有目標，所謂「心有多遠，就能走多遠」，因為目標可以指引方向，可以不斷激勵我們奮進，有了目標，我們離成功就不再遙遠，但是有了目標，不去執行又如何，於是有人說，最重要的是要有毅力，只要自己堅持不懈，就一定會成功，拿出愚公移山的精神，又有什麼事情是辦不到的呢？

當我們面臨困難和困境的時候，覺得最重要的是方法，所謂「工欲善其事，必先利其器」，認為好的方法可以發揮事半功倍之效，於是積極尋找最有效的方法，結果總是在目標與方法中尋覓，一無所得，直到最後，我們才發現，原來最重要的是「行動」，所以別當思想的巨人，行動的侏儒，馬上行動！想一想，有多少事因為我們沒有馬上行動而置之腦後，一個難得建立人脈的機會，如果不是馬上行動，最後的結果一定懊惱不已，或者當想起來的時候又失去了原來的機會。

一個經營人脈成功者最重要的不是他的目標有多大，不是他的方法有多好，而是他的行動比別人多，遭受到別人的拒絕也是最多的，只有行動，才能談得上方法，也只有行動，才能達到我們的目標，行動使方法得以體現，得以改進。在行動中，我們會想到如何行動，朝哪個方向行動，記得一開始在「調整心態，改變的起點」的篇章提到，要先開槍再瞄準，先行動再修正，而行動是克服困難的唯一方法。當我們決定行動時，自然會遇到許多的困難，會遭遇到不少的挫折，這一切都是行動的「副產品」，或者說，是行動的必然結果，因為如果你不行動，這些困難和挫折就不存在，行動的目的就是要解決這些困難和挫折，每解決一個問題，我們就離目標更近一步，去克服困難並且得到一次成功的感覺，你會覺得好像也沒那麼困難，Action ！行動，馬上行動！立刻行動！用行動體現你的主動性，證明你存在的價值，富有主動性的行動才能讓你的能力得到提升！

★請花點時間思考★

- 你身邊一定有喜歡幫忙別人的朋友，請他幫忙你介紹他的人脈給你認識，請寫下五位你覺得可以幫你轉介紹的朋友。

1. ________________.

2. ________________.

3. ________________.

4. ________________.

5. ________________.

Chapter 8

永遠不會準備好，去做就對了

訂目標不是為了將來，是要影響現在

有些人不去設定目標的原因是：不知道目標的重要性；訂了目標不知道怎樣達成；不知道如何訂目標。其實目標有著很大的威力：目標能使我們清楚現在最重要的是什麼，能更好地把握明天；為你指引明確的方向。

哈佛大學有一個關於目標對人生影響的追蹤調查。他們先找好一群智力、學歷、環境等條件都差不多的年輕人，先對這群受調查對象了解他們對自己的人生是否有目標：

27% 的人，沒有目標

60% 的人，目標模糊

10% 的人，有清晰但比較短期的目標

3% 的人，有清晰且長期的目標

經過 25 年的追蹤調查，這群人的生活狀況是這樣的——

那些占 3% 有清晰且長期的目標的人，25 年來幾乎都不曾更改過自我的人生目標，始終朝著同一個方向努力奮鬥，25 年後，他們幾乎都成了社會各界的頂尖成功人士，其中不乏白手起家的創業者、行業精英、社會精英。

那些占 10% 有清晰短期目標者，大都生活在社會的中上層。他們的共同特點是，那些短期目標不斷被達成，生活狀態穩步提升，成為各行各業不可或缺的專業人士。如醫生、律師、工程師、高級主管等等。

至於那些 60% 的模糊目標者，幾乎都生活在社會的中下層，他們普遍有安穩的生活與工作，但都沒有什麼特別的成就。

剩下 27% 的是那些 25 年來都沒有目標的人，他們幾乎都生活在社會的最底層，生活過得很不如意，甚至必須靠社會救濟，並且總是在抱怨社會，抱怨世界。

可見，目標對人生有多麼大的引導作用。不要忽視設定目標的重要性，你選取什麼樣的目標，關係著你現在要怎麼做，下一步要做什麼，讓你當下的行動更明確。

目標設定的目的，是為了達成。有了明確的目標，每天的行動就不會偏離終點太遠，而目標最終是否能達成取決於你自己是否真的「有決心」每天重複去做到新的目標。

因此，為了拓展你的人脈，拉大你的好友圈，現在就開始行動，請先設定短期目標、中期目標、長期目標。

- 短期目標：初期以讓自己適應不舒服和主動出擊的感覺為主，例如：主動的向身邊的人點頭示好，主動幫忙一些小事。
- 中期目標：中期重心放在開始有實際上的交際行為，如一同用餐、參加課程等，都屬於實際上的交際行為。
- 長期目標：長期要開始運用，如建立人脈開發團隊、要求轉介紹。

有感覺的目標，才可能實現！

如果我一開始就要求平常沒在慢跑的你去跑半馬的馬拉松 21 公里，你一定會想怎麼可能做到，平常爬個兩層樓就氣喘如牛，21 公里怎麼跑。但人的潛能是無限的，一開始你可能沒辦法跑 21 公里，但走 1 公里，你總辦得到吧！當你每天都走 1 公里，實施了一陣子之後，已經能適應 1 公里的距離和走的感覺，這時候我叫你改成每天快走 1 公里。快走的強度適應了之後，再請你改成慢跑，等你漸漸適應了慢跑之後，再拉長距離，從 1 公里→ 3 公里→ 5 公里→ 10 公里→ 21 公里你會發現原來你可以做到，重點在於時間，我們不要妄想一步登天的事情，按部就班讓身體適應不舒服的環境，適應後再慢慢突破，最終一定可以達到你要的目標。

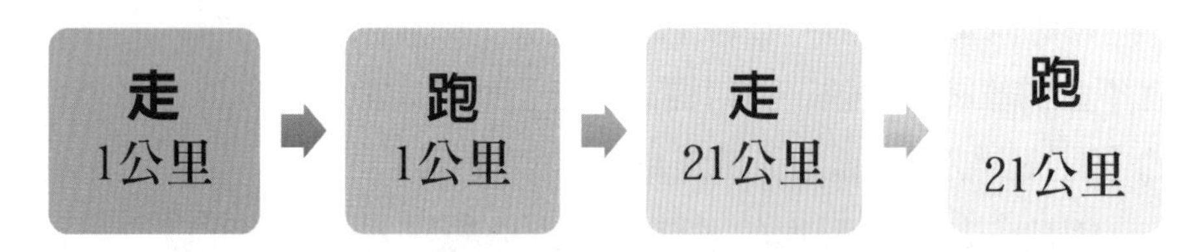

階段性目標達成後，還有一件很重要的事情要做，就是要練習慶祝。我發現有時候之所以行動會沒辦法持續，很大的關鍵是「你沒有獲得獎賞」。

國外有個實驗很好玩，他讓一隻狗吃骨頭，並在狗吃骨頭時候就搖鈴鐺。之後只要給狗吃骨頭他就會搖鈴鐺，這樣施行了幾天之後，有一次他沒有給狗骨頭吃，卻搖了鈴鐺，你猜猜發生什麼事情？答案是狗居然流口水了，沒有給狗吃骨頭為什麼狗會流口水呢？因為給骨頭跟搖鈴鐺產生了鏈結，狗骨頭＝鈴鐺。

所以我們在任何的小成功後一定要懂得慶祝，這樣你的意識才會覺得被鼓勵，你的行為才會不斷地持續下去。獎勵可以是去吃你想要吃的小吃，或是想看的電影，或是想買的衣服，物質上不能是太大的慶祝。因為大的慶祝是要有大的目標完成，小目標完成就只要小慶祝即可。

記得之前有一則 518 人力銀行的廣告很有意思，描述一群房仲業務在大街上發傳單，來來往往的路人很多，但是所有的人都不拿傳單，其中一個男生發得很洩氣，但他看到一個女生朝他走過來，他就奮力地說「請參考一下」沒想到那女生竟然將他手中的傳單迅速抽走，那男生不可思議地呆滯一會兒，然後興奮地大叫「耶！我成功了！」然後大家跑過來為他喝采，大家把他拋得高高，感覺是得到奧斯卡最佳男主角一樣，最後畫面跳出來一個標題「每一次成功，都值得為自己喝采！」

所以同樣地，當你有達到你自己設定的目標後，不用管那個目標的大小，你一定要慶祝這個成功，記得「每一次成功，都值得為自己喝采！」

先從不容易被打槍的人下手

奧地利心理學家阿德勒（Alfred Adler）認為所有煩惱，都來自人際關係，每個人都避免不了要和人打交道，人際交往每天都在發生，我們會遇上形形色色的人，被著各種不同的人際關係所困擾。俗話說：工作好做，人難處；三分才能，七分關係。儘管科技飛速發展，人類已經把科學探測器發送到了火星，但是，對於人際交往，科學家也難以說清楚其中的道理。

柿子要挑軟的吃，一開始練習如何經營人脈可以先從身邊的同事開始，例如主動關心同事，中午出去買便當的時候問一下需要幫忙一起買嗎？目標先不要多，先從一兩位開始，漸漸熟悉與他人想處的模式再增加人數，從認識比較深的做起，再慢慢往外擴散，例如一開始甚至可以從家人開始：

家人→朋友→同事→鄰居→常買早餐的店家→陌生人→討厭的人→恐懼害怕的人。

家人

通常對我們最好的家人，卻反而是我們最容易擺臭臉和不耐煩的對象，所以請你先從自己家人開始練習起，請把最好的態度留給最愛你的家人。

朋友

朋友不再多，在於誠，坦誠以對的朋友值得交往，你可以先從幾個好友開始練習，讓他們感覺你的不同，這時候大膽地去嘗試書裡的技巧，並且可以詢問對方的感受，把他們的意見作為修正的依據，相信很快你就會有你自己的一套 SOP 經營策略。

同事

通常是臭味相投的才會在一起當朋友，但同事就不是這樣了，全憑個人命運造化，所以在辦公場合很有機會碰到沒有那麼「麻吉」的同事，但是又得相處很久的時間，這就是你磨練和練習的機會，試著把他們變成你的好友，試著把那些老是跟你唱反調的同事們拉到與你同一陣線。有人會說，老師你不是說要找對的人嗎？有善意回應的人嗎？怎麼會找跟你唱反調的人呢？請記住，這些都是練習，目的在於讓你多吸取成功的經驗，不在於你能不跟他變好朋友，能變好朋友自然是最好的，被打臉也好，被對方接受也好，總之都是練習，是為了讓你更習慣主動出擊。

鄰居

所謂千金買屋萬金買鄰，鄰居在我們生活中扮演很重要的角色，所以我們一定要跟他們保持良好關係，從這一階段開始，希望你的基本功已經練到一定水準了，可以開始作戰。鄰居其實不難建立人脈關係，因為人會對住在周圍的人會自動產生信賴感，只要你稍微點頭微笑問好的話，往往都能收穫不錯的人際關係，進電梯時請你主動打破僵局，聊聊天氣等簡短話題，如果有節日聚會，例如中秋節烤肉便可以邀請對方參加，一步步向外擴展你的人脈圈。

經常去的店家老闆

這層關係很微妙，因為你是他的客戶，他不得不理你，也不會想得罪你，但是也請不要在人家最忙碌的時候去找他攀關係、閒聊套交情。例如，你每天都要外食的話，你可以刻意晚一點再去用餐，這樣你去用餐時客人相對就不多了，這樣你就有機會可以跟餐廳老闆多聊幾句。切記，要建立這種人際關係，重點在於一定要很密集，不要兩三天才去一趟，可以安排在某段期間內天天去，而且一定要找朋友去吃，並且把老闆找出來當著朋友的面大大稱讚老闆的手藝好、餐點好吃之類的，透過第三人的肯定，老闆就會對你非常有印象，以此建立你和店家之間的好情誼。

陌生人

這就有些難度了。我的建議是看當場的情況，你只要抱持著無欲則剛，真心地釋出想要和他結交的善意，其實也沒有那麼難。人和人之間要看緣份，但是有時候面對很想認識的人，主動製造機會反而不會留下遺憾，這種搭訕功力我想是無論男女老少都必須要擁有的，因為對方是陌生人所以搭訕的難度比較高一些，所以你的準備和功力也必須要提升，我提出了一些基礎內外在都要具備的前提，加上最後的小技巧，期望能透過這些方式，建立人際關係，大致上分為內外兩個部分。

內在心態

- 心態要真誠、無欲則剛

其實對於新手來說，跟陌生人搭訕的確很難，而且最難的地方莫過於，你抱著目的去認識朋友，你會非常擔心對方拒絕你而感到焦慮，其實焦慮的原因往往在於你把過多的注意力放在自己身上，擔心表現得不夠好，於是自身的情緒和內心無限放大的結果，造成你的恐懼，其實說什麼不重要，重要的是你的態度，當你開口說話的時候，一切都暴露無遺，包括你的目的，那麼對方內心要不要接受你，往往在於第一印象，你說什麼已經不那麼重要，重要的是你是否夠真誠、和善，只有真心才最能打動人。

- 讓對方感覺舒服且沒有壓力

因為在搭訕過程中對方擁有拒絕的權利，會讓你有處於弱勢的感覺。這種心態我希望你能調整成「認識我是你運氣好」，首先先將你們的地位拉到相同的水平，其次用引導的方式來問問題，切忌不要過多地發問或者查戶口，而是先表明自己的來意與簡短的自我介紹，其次是態度真誠，當互動感覺非常舒適，對方情緒正好時，可以詢問聯繫方式，以便於後期深入溝通和邀約。

外在攻略

- 形象

人要衣裝，佛要金裝。與初次見面的陌生人接觸，第一眼非常重要，總不能因為形象邋遢，而讓對方討厭你，好形象能給人一個好印象。因為對方必須在最短時間內打量你之後，再決定要不要跟你交談，所以好的形象可以提高對方與你交談的意願，當然不是要你穿得跟明星一樣講究，而是要得體、乾淨，衣著顏色適中，不要過分的誇張，整潔有序，鞋面乾淨，簡約不簡單，落落大方等等。

・笑容

沒有人會喜歡一張哭喪的臉，微笑可以增加幸福感，也可以讓人喜歡你，提升你的好感度。

・特殊壞習慣

和陌生人搭訕時記住不要表現一些特殊的習慣，例如抖動大腿、挖鼻孔等等，因為女生很討厭這種惡習。

・小細節

魔鬼藏在細節裡，有時候細節決定成敗，你把開發人脈當一回事，你就要去重視它，隨時檢視自己的細節，認識結交朋友的機會隨時都有，只是這機會是不是屬於你，機會是給隨時準備好的人。

討厭的人

如果你能進階到這裡真是恭喜你了，因為這真的很不容易。面對不喜歡的人還要試著去釋放善意而不是打他兩拳，我先為你鼓鼓掌。只要你始終記住我們要的是什麼就好，如果討厭的人有你要的資源，請你務必想方設法地讓他喜歡你，除非你完全不需要他的幫助，但是對方也能幫你成長的，你可以拿他當標靶，用槍不斷地射擊、修正、射擊、修正直到打到靶心為止。我有一個學員找一個討厭的鄰居做練習，練習成功之後他發現他不再討厭他了，因為他之前討厭他的時候，老是看到他的缺點，所以越看越不順眼，但因為要練習和討厭的人打交道，迫於無奈，於是主動跟對方示好，強迫自己去看對方好的那一面，沒想到，一陣子過後他發現很多的事情，並不是表面看的那樣。所以，看人所短你將無人可識，看人所長你將無人不識。

恐懼害怕的人

當我們害怕某個人或某件事的時候，是因為只看到了事物消極、困難的一面，但事物都有兩面，如果能以積極的心態去看看事物好的一面，就能減輕心中的恐懼感，一旦嘗試之後並得到成功的經驗後，便會增加自己的信心和勇氣。

人生中許多害怕、恐懼的事，難就難在走出第一步，當你有勇氣踏出第一步，其實你就已經成功了，之後你就會覺得其實沒有什麼好害怕的，當你突破這個害怕障礙的時候，你反而會問自己「之前是在怕什麼？」如果你想征服自己，就要勇敢邁出第一步，最難的往往是踏出第一步，一旦去做了，就會發現沒什麼大不了的，勇敢去做你害怕的事吧！

主動出擊認識的朋友，新加坡的傅培梅，潘秀霞老師。

每天練習、每天進步一點點

第二次世界大戰結束後，美國品管大師戴明（W. EdwArds Deming）博士應日本企業之邀，多次到日本松下、索尼、本田等企業講學。戴明博士認為產品品質不僅要符合標準，而且要無止境地每天進步一點點。今天日本企業的產品能在世界上取得了輝煌成就，他們將功勞歸於戴明，甚至頒贈先進企業的獎項也稱為「戴明獎」，當時，戴明博士傳授的這個最簡單的方法就是「每天進步1%」。

別小看這個 1% 的力量，你聽過「蝴蝶效應」嗎？紐約的一場風暴，起因是東京有一隻蝴蝶在拍動翅膀，翅膀的振動波，正好每一次都被外界不斷放大，不斷被放大的振動波越過大洋，結果就引發紐約的一場風暴。

每天進步 1%，一年後的自己將比現在強 37 倍，這是樂天社長三木谷浩史用來督促自己的公式。每天改善 1%，持續 365 天，1 年後的自己將比現在強 37 倍。強調持續進步的重要性，每次一點點的放大，最終會帶來「翻天覆地」的變化。

香港海洋公園裡有一條大鯨魚，雖然重達 8600 公斤，不但能躍出水面 6.6 米，還能向遊客表演各種雜技。有人向訓練師請教訓練的秘訣。訓練師說：「在最初開始訓練時，我們會先把繩子放在水面之下，使鯨魚不得不從繩子上方通過，每通過一次，鯨魚就能得到獎勵。漸漸地，我們會把繩子提高，但每次提高的幅度都很小，大約只有兩公分，這樣鯨魚不需花費多大的力氣就能跳過去，並獲得獎勵。於是，這條常常受到獎勵的鯨魚，就更積極接受下一次訓練。隨著時間的推移，鯨魚躍過的高度逐漸上升，最後竟然達到了6.6米。」訓練師最後總結到，他們訓練鯨魚成功的訣竅，是每次讓它進步一點點。正是這微不足道的一點點累積起來，天長日久，便取得了驚人的進步。

成功就是每天進步一點點，如果你很想成功，有一個很簡單的觀念，那就是每天都比別人多進步一點點、多學習一點、多付出一點，比如：每天笑容比昨天多一點點；每天問候的人多一點；每天行動比昨天多一點點；每天正面思考多一點；如果你的職業是業務，只要每天比別人多談一張訂單，兩個月下來就能比別人多幾十張訂單，如果你是工程師，只要每天晚上比別人多鑽研技術一個小時，一個月下來就比別人多了三十小時的專業知識。

每天都多一點，一年之後就不是一點點了，正如數學中50%×50%×50%=12.5%，而60%×60%×60%=21.6%，每天進步一點點，假以時日，我們的明天與昨天相比將會有天壤之別，每天進步1%並不是說要用這1%來量化自己的行動，而是時時刻刻提醒自己要比昨天進步，只要每天都比別人「多」一點，長期累積下來，就能締造非凡的成績。

當然有時候難免會沮喪、會退步，不過只要長期保持積極向上的心，你的腳步始終都是往前邁進的，至於怎麼才知道今天有沒有進步1%呢？就要透過內省覺之，不斷問自己，並審視自己的方向，感覺不對立即修正，如果可以搭配本書書後的「45天人脈開發改造練習攻略」實作練習，裡面會有一些目標設定和方法提供你檢視和設定的。

4 讓自己變成超級賽亞人

如何變成超級賽亞人？《七龍珠》這一部漫畫，應該大多部分的人都曾看過，主角孫悟空是來自貝吉塔行星的賽亞人，他在小時候以「下級戰士」的身份被送到地球，之後被孫悟空的爺爺撿到收養，從一開始武功很爛到最後變成宇宙無敵強的超級賽亞人，中間每一次要增加很大的功力的條件是必須被打到瀕臨死亡或死掉，然後利用仙豆或是神龍許願來復活，仙豆就是一種大小類似豌豆，吃一顆馬上就能百病全消、精神百倍。因為孫悟空是賽亞人，他們變強的條件之一有一點就是必須在瀕臨死亡邊緣復活，功力才會大增，相信看過這一部漫畫的人很清楚我在說什麼。悟空之所以能變成宇宙第一強的超級賽亞人，是因為他在之前的磨練過程死了好幾次，最後才變成超級賽亞人。

觀察看看你周圍認識或是電視上，那些超級有人緣的超級賽亞人，其實他們也是在無數次挫折中一次次地變得強大，當然前提你要活下來。所以，我才會在本書一開始先談到心態建立，因為你死了、你放棄了，再多的武功秘笈對你說沒有用的。

我們要在無數次的修煉，主動出擊、馬上行動中獲得功力成長的元素，一次次的修正、行動，最怕除了死掉、放棄之外就是裹足不前，也可以說是原地徘徊，行動一小步也比原地踏步來得強。腦袋是我們人生中最大的編劇，也是最大的謊言製造中心，因為它被賦予的任務是保護你不被傷害，它才不管你人緣好不好、有沒有人喜歡、有沒有吸引力，它的工作是要你好好活下去，所以它會想盡辦法讓你不去做一些傷害自己自信心的事情，所以它會編織出很恐怖猶如真實的畫面在你眼前，目的只是讓你不去做你要踏出舒適圈的事情，所以我們只需要對大腦的好意說聲謝謝你，然後勇敢地離開舒適圈，去做能讓自己成長的事情。

我們一定要勉強自己去習慣挫折，對於「被拒絕」那種不舒服感覺，漸漸做到不受影響，不在意，做到這一次的拒絕不會有任何影響到我下一次的行動，心裡也不會有任何負面的情緒和抱怨，這樣你終將蛻變成超級賽亞人的。

5 隨時打開你人脈的雷達

不知道你是否曾經有過這樣的經驗，例如你需要買油漆，這時候你腦海中想著家裡附近哪裡有油漆行，你左想右想就是沒有印象，於是你去住家附近逛逛，結果在一條每天會經過的路上發現有兩家，你納悶地想：怎麼自己每天都會經過卻都沒有發現。

這是因為你沒有打開你的目標雷達，當你打開你的目標雷達之後你就會在你之前接收的資料庫中去過濾出你要的目標，就像我們出入境的時候，經過海關時，他們的桌上都會放一張通緝犯的照片，讓海關一直看目標的樣貌，每當有人經過海關時，就會將他的對照雷達打開去比對，只要符合相關特徵就會被約談。

在日常生活的行程當中我們其實有很多認識新朋友的機會，卻都在不經意中錯過當下的機會點，因為我們沒有平常就將雷達打開，讓雷達隨時隨地去偵測機會，去收集資料見縫插針，例如，有次我走在路上看見一位老人家正在路邊修理他的腳踏車，我看見那台腳踏車不是一般的腳踏車，是全車身都是碳纖維打造的，加上那位老先生一身的 NIKE 運動衣褲，連鞋子也是，看起來像是個有錢人，於是我主動上前詢問他是否需要幫忙。我看了一下，原來是腳踏板的一個螺絲掉了而沒辦法騎，於是我打電話給我的朋友，（之前我也玩過腳踏車，所以我的人脈資源裡有開腳踏車店的老闆），將我拍的照片傳過去給他看，他跟我說這是小問題，並且問我在哪邊？他可以幫我處理，於是我給了我朋友地理位置，在等待朋友的過程中，我和那個老先生聊了起來。原來他是一家高級西服總代理商的老闆，在閒聊過程中他覺得我人很不錯，會主動幫助陌生人，還給了我他公司的 VIP 卡，那張 VIP 卡不容易取得，要在一年內購買超過十萬元的西服客戶才會有的。之後透過 LINE 聯繫我和他成了關係不錯的忘年之交，他也變成我的人脈資產之一。

在當時那個情況下，也不是說我是看到對方是有錢人才主動幫忙，而是我的人脈雷達有打開，我知道這是一個建立人脈的機會，因為對方需要幫助，我們主動付出，就有了機會。而且你也不會知道他背後有多強大的人脈資源，所以我們不要只會看表面，就算他今天騎的是 ubike 我們也要主動幫忙。

值得注意的是，很多人往往都是幫忙完之後就沒有了，所以這個人脈建立的機會是無用的。正確流程應該是——第一次接觸→留資料→跟進→約訪→轉介紹，你在過程中可以透過聊天或是有技巧地詢問，去勾勒出對方的背景，但不能像警察盤問那樣，例如我當時是這樣與那位騎腳踏車的長者搭話的：

- 這台車真漂亮，應該不便宜？
- 您的談吐感覺跟我老闆的架勢很像，您是從事哪一行的呢？
- 您的身材真好，平常還有做其他運動嗎？
- 平常會去哪邊騎車，可以給我推薦一些不錯的點嗎？

甚至可以當場相約騎車的行程，這樣就可以順口要聯絡方式，爾後打電話邀約也會有正當理由，漸漸地對方會主動提供更多的資訊，這時候你再打蛇隨棍上，順著對方提供的資訊好奇地問下去，緊接著他可能會問你的背景，所以平常就要準備好一分鐘、三分鐘、十分鐘的自我介紹就可以派上用場，重點是要互留聯絡資訊，並在當天晚上主動打電話或是傳訊息關心，之後看狀況是不是要列入跟進或是更進一步的交往。

所以你要隨時打開你的人脈雷達，去偵測你要的人脈，當然去的地方也要挑選過或是打聽過，像我之前做保險時想要認識大老闆，就跑去練習高爾夫球，滿心期待地想說可以在練習場上認識一些老闆，沒想到一到那裡才發現都是一些跟我一樣的人在那邊練球。後來我才明白原來是我選的時間不對，遇到的都是上班族。在我和老闆娘混成好朋友後她告訴我每一個時段會來哪些人，我才知道地點對了但是時間不對，因為我都是晚上七八點去的，那時候是下班的上班族去的時段，而下午則是業務人員摸魚練球時段，而大老闆們通常都早上五六點就會來，所以老闆娘建議我一大早就要到，她會幫我介紹幾個老闆給我認識。隔天我再去高爾夫球練習場時，剛到停車場就發現不一樣了，滿眼都是一些高級名車，跟晚上去停車場停的都是國產車，完全不一樣，所以雷達要開，掃描的地點要選，不懂就要問，時時刻刻保持好奇心，人脈是靠主動出擊去發掘、跟進、轉介紹出來的。

6 檢討才是成功之母

凡事要檢討才會知道自己是不是在瞎忙做白工，但是很多是沒辦法量化的指標，針對你在人際關係、信賴感這一塊，有沒有比之前來得進步，我們必須時時自我檢示。

一個好的人脈高手會自我檢討三個地方：

- ➢第一個思考自己做對了哪些事情？很多人不了解自己成功的關鍵，因此無法不斷重複他成功的關鍵，所以也沒有辦法將關鍵變成 SOP 的程序延續下去。
- ➢第二個需要思考的事情是自己做錯了什麼？為什麼這樣做還是無法收穫好人脈，失敗為成功之母這句話是錯的，因為只有檢討才是成功之母，假如我們不了解我們失敗的原因在什麼地方，不及時加以改進的話，整個結交人脈的過程就會不斷地犯同樣的錯誤。
- ➢第三個，人際交往的群體中一定會有出色的、好人緣高人氣的交際高手，所以我們要研究他到底做對了什麼事情，他哪裡做得比我們還好，要如何模仿他，進而超越他，同時他做錯了哪些事情，我們應該避開它。

所以關於人脈拓展、擴大好友圈，或許可以從以下幾方面，去觀察與檢示自己在人際往來中是否有進步，進而修正方向。

變忙

這一點是沒有可以量化的指標，通常是身邊的人會跟你說：「最近很忙喔！」因為我們是慢慢地增加自己人際關係的工作量，所以不會覺得自己明顯變忙很多，如果有家庭的朋友，當然另一半或是小孩就可以馬上有感覺了。

你每天會忙，這是我要你做的功課。你會忙著處理人際關係中瑣碎的事物，初期是不會有什麼成果的，因為每個人的心門打開是需要時間的，人際交往中，不求急不求快只求穩，關鍵在於紮實，把每天的行程當作吃飯一樣，飯好吃你也得吃，不好吃你也要吃，所以把發展人脈的工作，變成生活的一部分，你才會持續做下去，變忙後的你會覺得生活更加充實，如果你真的不知道怎麼做的話，可以跟著本書的「45 天人脈開發改造練習攻略」去一一落實、行動，依序完成它，你會從中獲得體悟的。

LINE 訊息

看到 LINE 為讀取的訊息會比以往多出很多，但是要扣除一些廣告群，但是一些吃喝玩樂的群也要算進你的人脈群，建議向這種群可以轉發一些正面的文章、網路笑話、美食景點、建康資訊，但是切記不要發負面的文章，與政治、宗教相關的內容。

你或許會說：「怎麼那麼多限制」，記住我們的目的是多結交一些朋友，凡事違背這個目的的事情都不去做它，以目標為導向，「你若成功了，放屁都有道理；你若失敗了，再有道理都是放屁」，這一句話雖然很傷人，但是這就是現實社會的真實面，所以請做可以結交朋友的行為，其他的就不需要多做了，再提醒你沒有雪中送炭的人際關係，只有錦上添花的人脈圈。

臉書按讚人數

這個指標我覺得非常好用，因為臉書可以看之前你發表的文章有多少人按讚，再跟現在發出的貼文做比較，就可以一目了然，快速知道你經營的人脈有沒有增加。當然有些人會跟我說很多人我都不認識加他好友幹嘛，我只想說的是，所有人都是你的朋友，只是你還沒有認識而已，所以在臉書世界我建議是多加一些朋友，不管你認識不認識，但是有一些加你之後老是在直播賣石頭或是其他的產品，這一種的帳號我就歸類成無效的人脈帳號，最好的是照片是他自己本人的照片，也有定期發表一些文章，當然有的是潛水客，這一類的朋友也是很重要的，因為他們雖然不會按讚或是留言給你，但是他們還是有在關注你的動態。

我建議打算好好經營人脈的朋友，一定要常常在臉書上曝光，讓你的朋友們知道有你的存在，你可以轉貼文章、打卡、PO 一些正面的貼文，相信你的按讚人數會越來越多！

你可以把臉書當作你成長的紀錄，一年後再回顧你一整年的行動，看到自己不斷地向上提升向前邁進，屆時你能深刻感覺到自己的成長。

費用支出增加

人脈等於錢脈，這句話的另一個意思是說交朋友也是必須花錢的。有學生說：「老師你這樣說太市儈了」、「交朋友也可以不用花什麼錢啊」、「靠花錢交的朋友，哪是好朋友」，那時我只問他們一句話：「你們不花錢的朋友有帶給你什麼好處嗎？」不用急著回答我，相信你內心已有答案了。

不論是在政治上或是生意上，哪一個場合不需要花錢去營造的，不只是交女朋友需要營造，好朋友也是需要，有人說交女朋友很花錢，那交朋友就不花錢嗎？英國研究指出，要做一輩子朋友的花費一點也不便宜，向朋友掏錢的機會相當多，一生中可能得花上好幾萬英鎊。

據英國《鏡報》報導，如果你們只是一般朋友，花費可能不會這麼多，但根據研究指出，以 40 年的友誼來說，你至少要花 23,870 英鎊，例如你必須花 4,679 英鎊替他過生日、當朋友失戀你要花 168 英鎊帶他去散心、你外出旅遊時會花 242 英鎊買伴手禮，或是你們分隔兩地，就必須花 18,000 英鎊作為探訪旅費，此外，當對方要結婚時，你可能會花 431 英鎊當作禮金和前一晚的單身夜上，當對方有小孩時，你最少會花 283 英鎊買禮物送給他們；當對方搬家時，你的花費是 127 英鎊慶祝喬遷之喜。儘管如此，有超過八成的受訪者認為，這是值得花的錢，也就是說，朋友在人生中，是很重要的關係。

花錢交的朋友我個人覺得有以下的好處：

花錢交的朋友才是「免費」的

這跟最好的人才都是免費的意思是大致相同的，有的公司請人才會擔心給付給員工薪水達不到效益，被浪費了，所以開出的薪水就比業界同級職位來得低，因為薪水較低，吸引來面試的人都是一般般的人才，那些好的人才是不會被吸引來的，於是這些一般般的人才常常犯錯，不但造成公司的損失，甚至還得罪客戶和廠商，整體算下來你不但要付他薪水，連同那些損失算進去也是一筆開銷。如果你一開始是用一般人N倍的高薪和高職位去吸引優秀的人才，最終其實他是免費的，因為他為公司帶來的利潤會遠大於你支付給他的薪水。同樣的道理，你為了省錢去交一些不用太花錢的朋友，例如聚會都在一般的小吃店，旅遊都走平價路線，咖啡也只喝 7-11 的咖啡，打球就去公園裡面打打免費的籃球，這樣你會碰不到太多的機會，要交什麼朋友你得先往那個圈子靠近，這叫目標導向。例如我有一個朋友，他公司是生產遊艇，所以他都是往一些跑車聚會的圈圈靠近，例如保時捷、瑪莎拉蒂、法拉利等跑車的聚會場所，因為唯有這些人脈才是他可以推銷遊艇的精準客戶，總不能去 Toyota、Hyundai、Luxgen 等車友的聚會去推銷遊艇吧！

花錢交的朋友才是「實在」的

因為生意人知道彼此的交往都是為了利益好處而交往，不會有什麼太不切實際的幻想，或不合理的期待。都是你帶給我什麼好處我給你什麼利益，今天你請我吃龍蝦，明天我請你吃鮑魚，有時候花錢交的朋友是不喜歡佔人便宜的，因為他了解其中道理，往往那些我們氣得半死的朋友都是所謂的不用花錢的好友，他們會占盡我們的便宜之外，還認為理所當然。我有個女性朋友外型相當漂亮，她憑著亮麗的外表出去吃飯應酬都不會付錢，似乎每個人都必須幫她出錢。很久之後有一次她問我，怎麼那麼久沒有飯局？原來她還不知道問題就在於：她覺得人家請她吃飯是理所當然的。

花錢交的朋友才是「省時」的

我們知道交朋友怕的不是花錢，怕的是沒時間去交際應酬，尤其是不談錢的朋友更是要著重心靈交流，沒事要打打電話關心一下，偶而聚餐聊聊心事，這些不是不好，麻煩的是如果你有五十個這樣的朋友要交往，你可以想像你有多忙了嗎？所以有時候花錢的朋友很省時指的是不用囉嗦，錢可以代表時間、可以創造價值、可以營造氣氛等功能，可以在短時間之內達到一甲子的功力。

花錢交的朋友才是「省力」的

前陣子有個朋友辦一場求婚花了不少錢，相對幾年前也是有個朋友辦一場求婚，他就沒有花什麼錢，因為所有的道具、設備、軟硬體、工作人員等都是自家親友，那一場也算成功。但是相比較起來我還是會建議就交給錢來處理吧！有人會說自己辦求婚才有意義也比較省錢。比較有意義，這點我們就先別談了，因為那是對你有意義，對於有參與累得半死的朋友可不就那麼認為，省錢這件事看似你省不少，實際上你也虧不少，虧在哪裡呢？

✓ 首先，這些幫忙的親友們的人情要不要還，錢好還，情難算。

✓ 其次，你花的這些準備時間和精力真的比花錢來得划算嗎？

✓ 交給專業，專業有它的品質水準在，你自己策劃的是一輩子的驚喜，這個風險你承擔得起嗎？要是中途有出什麼狀況，不是很尷尬嗎？畢竟工作人員都是沒經驗的，所以「錢」很現實，也很實在。

花錢交的朋友才是「簡單」的

因為大家沒有太多的牽絆都是為了彼此的利益，可以一起合作創造雙贏，目的性是一致的，不用去猜測你需要什麼，我要怎麼滿足你之類的，可以很簡單地坐下來開誠佈公地談，談彼此的優勢可以幫對方創造哪些利益，利益怎麼分配，將來如何再次合作等等，不必客套地來來往往互想試探，浪費時間。這樣的交往才是簡單的合作共生關係。總之，如果你的人脈圈開始動起來之後，你會發現你的支出變多了，時間減少了，初期你還沒壯大時，請你配合人脈強大的人，等你哪一天變得強大了，你要別人怎麼配合你，都不是問題。

收入

人脈雖然就是錢脈，但是要如何把人脈轉變成錢脈則是一門學問。這個部分可以分兩個層次來說，第一個是直接的收入；第二個是間接的收入。

直接的收入其實就是你的本業收入，例如你從事保險業為了要多點人脈，可以讓你銷售保險而建立的人脈，又或者你是一家企業的老闆，為了你的企業去建立相關客戶的人脈，是為了提升營業額，這些建立人脈的收入是直接立即性的收入。

還有一種是間接的收入，例如說我有一個朋友是從事油漆裝潢的事業，因為想要練習高爾夫球所以去練習場打球，在練習場認識一個專門在做玉石買賣的朋友，認識久了也變成不錯的朋友，那朋友是長期在國外挑玉石較少回台灣，台灣玉石的部分就請我做裝潢的朋友負責接洽，他也教導我朋友玉石方面的鑑定和買賣技巧，結果最後油漆裝潢的部分我朋友漸漸做得比較少了，反而全心投入玉石產業，也為他帶來比之前做油漆裝潢多好幾倍的收入。重點是健康也比較顧得到，因為做裝潢的長期提重物、長期吸入油漆味都有一些職業傷害，這就是間接的收入。

人脈圈其實是很有意思的，你不會知道你新認識的人，會為你的生活帶來什麼樣的改變，會為你增加什麼視野，背後一切都是新奇的，只要你心存正面的心態去面對學習，每一個人背後的故事都是值得你學習和衍生的。

不要一開始就是以利為優先，任何人都不喜歡輸的感覺（吃虧），所以你想要獲得什麼請你先給對方什麼，你想要愛就先給對方愛，你想要誠信你就先給對方誠信，你想要利益就先給對方利益，先將你的營利點後退，自己就像商品一樣行銷，要讓人試吃、不滿意退貨、CP 值最高、保固時間等等，把自己行銷出去，自然錢就會從四面八方來，有時候也不是即時，而是可能在一年後，或 N 年後含高額的利息一次回饋給你。

人脈存摺目標設定

記住，有「想」才會做到，要領錢請先存錢，要有人脈先存人脈，請先想 45 天要主動認識多少人脈，然後寫下來．每天去執行，並請寫到每一天的設定裡。

45 天共要認識多少人？	

	星期一	星期二	星期三	星期四	星期五	星期六	星期日
第 1 週要認識多少人？							
第 2 週要認識多少人？							
第 3 週要認識多少人？							
第 4 週要認識多少人？							
第 5 週要認識多少人？							
第 6 週要認識多少人？							
第 7 週要認識多少人？							

人脈存摺（看存款）

請每天紀錄今天認識幾個人脈，只要是交換過名片、知道他名字、有聯絡資料都可以算是一個人，一週後將統計填入共幾人內，並在上圖標示該週人數，利於觀察是否有進步（曲線往上跑）。

100人

人數

0人

共幾人→	第01週	第02週	第03週	第04週	第05週	第06週	第07週
星期一							
星期二							
星期三							
星期四							
星期五							
星期六							
星期日							

人脈開發工具：跟進進度表

跟進進度表主要是讓你能規劃跟進的時間，知道進度才能掌握關係，你可將進度填入目前要進行的階段如接觸、跟進、經營，再將預定日期填入。

・A or C/D ：用於判斷關係的等級，信賴感最好的為 A，其次 B……

跟進表 ______月　填表日期: ____年____月____日

序	朋友	進度 ：接觸 → 跟進 → 經營										A or C/D	備註 (分級訊息)
		進度	日期 1	進度	日期 2	進度	日期 3	進度	日期 4	進度	日期 5		
1													
2													
3													
4													
5													
6													
7													
8													
9													
10													
11													
12													
13													
14													
15													
16													
17													
18													
19													
20													

人脈開發工具：BoxTime 箱形時間

所謂 BT 時間意思是當你在行程上規劃了這段時間就是用來開發人脈、跟進人脈、經營人脈、做跟人脈相關的事情，只要寫上去的時間就不要輕易更動它，所以你可以清楚了解你的時間花在人脈建立上有多少？也將決定你 45 天後的成果。

- 人脈開發時間：跟陌生人交流、參加聚會認識新朋友等都算。
- 人脈跟進時間：LINE、電話等凡是花在跟進人脈關係上都算。
- 人脈經營時間：聚會、聊天、餐會等……
- 總人脈時數：把開發、跟進、經營加總起來，每一格一小時。

人脈時間佔%：總人脈時數 / 17 小時＝　%（睡覺的 7 小時不要算進去）

PS：定義可以自己定義，重點要前後一致即可

BT時間（範例）

12 月		日期	3	4	5	6	7	8	9
		星期	日	一	二	三	四	五	六
行程安排	上午	07-08	○						
		08-09	○						○
		09-10							○
		10-11			×		×		○
		11-12	×			○		×	○
	中午	12-13	△	△	△	△	△	△	△
		13-14		×	○				
	下午	14-15							
		15-16							
		16-17							
		17-18					○		
	晚上	18-19	○	△	△	△	△	△	○
		19-20				×		×	○
		20-21							
		21-22							
		22-23		×	○	△			
		23-24				△			△
人脈開發時間			3	0	2	1	1	0	6
人脈跟進時間			1	2	1	1	1	2	0
人脈經營時間			1	2	2	3	2	2	2
總共人脈時數			5	4	4	4	4	4	8
人脈時間佔比%			29	24	24	24	24	24	47

時間代表圖形　「人脈開發→○」、「人脈跟進→×」、「人脈經營 →△」

BT時間

____月		日期							
		星期	日	一	二	三	四	五	六
行程安排	上午	07-08							
		08-09							
		09-10							
		10-11							
		11-12							
	中午	12-13							
		13-14							
	下午	14-15							
		15-16							
		16-17							
		17-18							
	晚上	18-19							
		19-20							
		20-21							
		21-22							
		22-23							
		23-24							
人脈開發時間									
人脈跟進時間									
人脈經營時間									
總共人脈時數									
人脈時間佔比%									

時間代表圖形　「人脈開發→○」、「人脈跟進→╳」、「人脈經營 →△」

超給力人信銷售：沒有信任，沒有買賣！

本書採減碳印製流程
並使用優質中性紙
（Acid & Alkali Free）
通過綠色印刷認證，
最符環保要求。

作者／吳宥忠
出版者／魔法講盟委託創見文化出版發行
總顧問／王擎天
總編輯／歐綾纖
主編／蔡靜怡
美術設計／吳佩真

郵撥帳號／50017206 采舍國際有限公司（郵撥購買，請另付一成郵資）
台灣出版中心／新北市中和區中山路2段366巷10號10樓
電話／（02）2248-7896　　傳真／（02）2248-7758
ISBN／978-986-271-792-9
出版日期／2017年12月初版

全球華文市場總代理／采舍國際有限公司
地址／新北市中和區中山路2段366巷10號3樓
電話／（02）8245-8786　　傳真／（02）8245-8718

全系列書系特約展示門市
新絲路網路書店
地址／新北市中和區中山路2段366巷10號10樓
電話／（02）8245-9896
網址／www.silkbook.com

國家圖書館出版品預行編目資料

超給力人信銷售：沒有信任，沒有買賣！／吳宥忠 著. -- 初版. --
新北市：創見文化出版, 采舍國際有限公司發行, 2017.12　面；公分
--（MAGIC POWER ；01）
ISBN 978-986-271-792-9（平裝）

1.銷售　2.銷售員　3.職場成功法

496.5　　106016852

第 45 天和以後

恭喜你！

如果你徹底落實這45天的練習，你的臉皮、自信、能力一定都能提升很多，要記住學習是一輩子的事情。愛因斯坦說：「當你停止學習，你就開始死亡」，你還是要不斷將這45天的習慣保持下去，將新的習慣，新的思考方式，以及良好的生活態度，深深地融入到你的生活當中，未來會發生微妙的變化，你想像不到的現象將會朝你而來，例如新的機會、收入的增加、貴人的幫助、升遷的速度、好事將不斷地伴隨你新的習慣和思考而來。

請你繼續保持開發和跟進，
相信你的人生會就此改變！

你可以將你改變的故事告訴我，
我希望聽到所有美好的事情，
請告訴我你的改變，加入我的 LINE@ ！

第46天

日期：　　/　　/

恭喜你！如果你有按部就班地落實這 45 天的作業，你絕對變得不一樣了，請繼續保持這 45 天內人脈的敏感度，用訊息或是打電話方式告訴這 45 天以來支持你的朋友們，表達你的感謝，你未來會不斷地持續下去，並且會繼續學習強大自己。請寫下你要說的重點：

5 寫下今天成功三件事：

第一件：______

第二件：______

第三件：______

第45天

日期：　　/　　/

1 **宣讀邁向強大宣言、結交人脈宣言。**

2 **執行 5 Call 系統。**

3 **人脈存摺今天設定存入 ________ 人。**

4 **今天給你一個挑戰，去對一個想認識的朋友去自我介紹五分鐘，完成後寫下你的感想？**

5 **寫下今天成功三件事：**

第一件：________________________________

第二件：________________________________

第三件：________________________________

第
44
天

日期：　　/　　/

1 宣讀邁向強大宣言、結交人脈宣言。

2 執行 5 Call 系統。

3 人脈存摺今天設定存入 ________ 人。

4 主動去跟 3 位陌生人聊天，並且交換 LINE 吧！怎麼做就看你之前有沒有確實每天做功課，有的話加 3 個好友應該不難，去吧！

5 寫下今天成功三件事：

第一件：________________

第二件：________________

第三件：________________

第43天

日期：　　/　　/

1 宣讀邁向強大宣言、結交人脈宣言。

2 執行 5 Call 系統。

3 人脈存摺今天設定存入 ________ 人。

4 之前已經有報名參加學校以外的課程，請你寫下這些課程認識的好友，並寫下他對你有什麼樣的幫助？

姓名　　　　　幫助
姓名　　　　　幫助
姓名　　　　　幫助
姓名　　　　　幫助
姓名　　　　　幫助
姓名　　　　　幫助
姓名　　　　　幫助
姓名　　　　　幫助
姓名　　　　　幫助

5 寫下今天成功三件事：

第一件：________

第二件：________

第三件：________

第 42 天

日期：　　/　　/

1 宣讀邁向強大宣言、結交人脈宣言。

2 執行 5 Call 系統。

3 人脈存摺今天設定存入 ________ 人。

4 開始要求朋友轉介紹一些你要的人脈給你，你必須對你朋友描述你要的人脈特質或功能，必須描述得很清楚，請你寫下你需要的人脈資源是什麼？

5 寫下今天成功三件事：

第一件：________________________________

第二件：________________________________

第三件：________________________________

第41天

日期：　　/　　/

1 宣讀邁向強大宣言、結交人脈宣言。

2 執行 5 Call 系統。

3 人脈存摺今天設定存入 ________ 人。

4 這 40 天過得還充實嗎？應該有學到不少東西，請寫下這 40 天你的改變，自省查覺才能繼續改變下去。

5 寫下今天成功三件事：

第一件：________________

第二件：________________

第三件：________________

第 40 天

日期：　　/　　/

1 **宣讀邁向強大宣言、結交人脈宣言。**

2 **執行 5 Call 系統。**

3 **人脈存摺今天設定存入 ________ 人。**

4 **團隊應該多少有成員了，請每天丟一則正面的訊息到你的團隊裡面去（請每天執行，之後不提醒）。**

5 **寫下今天成功三件事：**

第一件：________________

第二件：________________

第三件：________________

第39天

日期：　　/　　/

1 宣讀邁向強大宣言、結交人脈宣言。

2 執行 5 Call 系統。

3 人脈存摺今天設定存入 ________ 人。

4 你的團隊有進行嗎？

有的話請寫下要邀約的 10 個對象，並且現在就去邀約。

1. ____________________
2. ____________________
3. ____________________
4. ____________________
5. ____________________
6. ____________________
7. ____________________
8. ____________________
9. ____________________
10. ____________________

5 寫下今天成功三件事：

第一件：____________________

第二件：____________________

第三件：____________________

第38天

日期：　　/　　/

1 宣讀邁向強大宣言、結交人脈宣言。

2 執行 5 Call 系統。

3 人脈存摺今天設定存入 ________ 人。

4 今天請你主動去幫忙五個朋友或同事，幫忙開門也可以，總之學習付出後得到的感謝。今天是練習接收別人的感謝，練習完請寫下對於別人的感謝你有什麼感覺？

5 寫下今天成功三件事：

第一件：________

第二件：________

第三件：________

第37天

日期：　　/　　/

1 **宣讀邁向強大宣言、結交人脈宣言。**

2 **執行 5 Call 系統。**

3 **人脈存摺今天設定存入 ________ 人。**

4 **今天是個考驗日，請你主動問候你最討厭的人，並且關心他的生活，目的不是要跟討厭的傢伙和解，而是我要你踏出那一步，去練習面對討厭的人你依然可以談笑風聲，社交場合太多一臉看出他不爽的人，我們不能當這種人，所以必須要練習，去吧！最討厭的人終於有利用價值了！耶！！寫下你的感受。**

5 **寫下今天成功三件事：**

第一件：________________

第二件：________________

第三件：________________

第36天

日期：　　/　　/

1 宣讀邁向強大宣言、結交人脈宣言。

2 執行 5 Call 系統。

3 人脈存摺今天設定存入 ________ 人。

4 今天打個電話約幾個死黨，告訴他們你要成立一個團隊，是要開發人脈的團隊（書中有介紹），並請他們參加，請寫下——

- 團隊名稱：
- 團隊理念：
- 初期成員：
- 未來規劃：

先在 LINE 上建立個群組

並立即邀約去吧！！行動才會有結果！！

不管是好結果，還是不如預期的結果，都是好結果！！

5 寫下今天成功三件事：

第一件：________________

第二件：________________

第三件：________________

第

35

天

日期：　　/　　/

1 宣讀邁向強大宣言、結交人脈宣言。

2 執行 5 Call 系統。

3 人脈存摺今天設定存入 ________ 人。

4 今天由你自己設定你要做哪方面的練習，並且去執行它。

5 寫下今天成功三件事：

第一件：______________________________

第二件：______________________________

第三件：______________________________

第 34 天

日期：　　/　　/

1 宣讀邁向強大宣言、結交人脈宣言。

2 執行 5 Call 系統。

3 人脈存摺今天設定存入 ________ 人。

4 今天請聯絡你以前的其中一位老師，告訴他，你感謝他以前的教導，並且把你現在再做什麼與他分享。

5 寫下今天成功三件事：

第一件：________________________________

第二件：________________________________

第三件：________________________________

第 33 天

日期：　/　/

1. 宣讀邁向強大宣言、結交人脈宣言。
2. 執行 5 Call 系統。
3. 人脈存摺今天設定存入 ________ 人。
4. 你有討厭的食物嗎？嘿嘿！我今天要你去試著吃看看，練習不舒服的感覺，讓你大腦去創造一切阻止你的畫面，試著去做你自己生命的主角，去控制你的人生，去吧！去跟大腦拿回你的決定權，完畢後寫下你的感受。

5. 寫下今天成功三件事：

第一件：________

第二件：________

第三件：________

第32天

日期：　　/　　/

1 宣讀邁向強大宣言、結交人脈宣言。

2 執行 5 Call 系統。

3 人脈存摺今天設定存入 ________ 人。

4 請列出你生命中要感謝的十個人，並且立刻打電話給他，告訴他你為什麼要感謝他。

第一人：________________ 已親口告訴打勾□

第二人：________________ 已親口告訴打勾□

第三人：________________ 已親口告訴打勾□

第四人：________________ 已親口告訴打勾□

第五人：________________ 已親口告訴打勾□

第六人：________________ 已親口告訴打勾□

第七人：________________ 已親口告訴打勾□

第八人：________________ 已親口告訴打勾□

第九人：________________ 已親口告訴打勾□

第十人：________________ 已親口告訴打勾□

5 寫下今天成功三件事：

第一件：________________

第二件：________________

第三件：________________

第31天

日期：　　/　　/

1 宣讀邁向強大宣言、結交人脈宣言。

2 執行 5 Call 系統。

3 人脈存摺今天設定存入 ________ 人。

4 請回想看看，你是否有或是你想要做卻遲遲沒有行動的事，就算是一件很小的事情也算，寫下它並且完成它，去感受完成一件事情的喜悅。

5 寫下今天成功三件事：

第一件：____________________

第二件：____________________

第三件：____________________

第30天

日期：　　/　　/

1 宣讀邁向強大宣言、結交人脈宣言。

2 執行 5 Call 系統。

3 人脈存摺今天設定存入 ________ 人。

4 想想你自己有什麼資源可以主動去幫助他人？請寫下五個你有的資源（有形無形都要算），並且要去主動幫助誰？寫下來：

資源一：　　　　　　　　幫助誰　　　　　.

資源二：　　　　　　　　幫助誰　　　　　.

資源三：　　　　　　　　幫助誰　　　　　.

資源四：　　　　　　　　幫助誰　　　　　.

資源五：　　　　　　　　幫助誰

5 寫下今天成功三件事：

第一件：

第二件：

第三件：

第
29
天

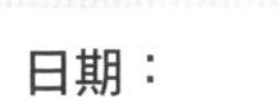

日期：　　/　　/

1 宣讀邁向強大宣言、結交人脈宣言。

2 執行 5 Call 系統。

3 人脈存摺今天設定存入 ________ 人。

4 檢視你的人脈存摺的設定，是否會太多或太少，瞄準理論是必須調整的，如果進行得很順請繼續，卡卡的請調整，並且跟進其中三位聊得來的朋友。

・第一位：

・第二位：

・第三位：

5 寫下今天成功三件事：

第一件：____________________

第二件：____________________

第三件：____________________

第
28
天

日期：　　/　　/

1 宣讀邁向強大宣言、結交人脈宣言。

2 執行 5 Call 系統。

3 人脈存摺今天設定存入 ________ 人。

4 請你審視你的穿著，我相信這種風格你已經穿搭 N 年了，請你去諮詢專業的朋友（本身注意穿搭的）或是店家，問他們這樣的穿搭是否適合你？

- 朋友意見：

- 如何穿可以更好：

5 寫下今天成功三件事：

第一件：________________

第二件：________________

第三件：________________

第 27 天

日期：　　/　　/

1 宣讀邁向強大宣言、結交人脈宣言。

2 執行 5 Call 系統。

3 人脈存摺今天設定存入 ________ 人。

4 去試著主動幫助陌生人一件事，並在今天完成，例如讓座、幫忙按電梯、幫忙開門、幫忙拿傳單等等，練習對陌生人伸出援手，並寫下你的感覺（要求今天完成，是因為要訓練你打開見縫插針的敏感度，培養如何去觀察別人的需求。）

5 寫下今天成功三件事：

第一件：________________

第二件：________________

第三件：________________

第
26
天

日期：　　/　　/

1 **宣讀邁向強大宣言、結交人脈宣言。**

2 **執行 5 Call 系統。**

3 **人脈存摺今天設定存入 ________ 人。**

4 **生命中一定有你討厭的人，請你寫出你不喜歡他的點，如果生意上必須有求於他的話，你會怎麼做呢？**

- 討厭的點：

- 做法：

5 **寫下今天成功三件事：**

第一件：________________

第二件：________________

第三件：________________

第 25 天

日期：　　/　　/

1 **宣讀邁向強大宣言、結交人脈宣言。**

2 **執行 5 Call 系統。**

3 **人脈存摺今天設定存入 ________ 人。**

4 **請你上網或是任何方式，去參加一些學校以外的課程，例如成功、激勵、人際關係等……並且報名參加，45 天內你必須去上三個課程，這是第三個，請寫下你今天預計要報名的課程以及為什麼要上這個課程？有什麼好處？**

- 課程三名稱：

- 為什麼要上？

- 有什麼好處？

5 **寫下今天成功三件事：**

第一件：________________________

第二件：________________________

第三件：________________________

第 24 天

日期：　　/　　/

1 **宣讀邁向強大宣言、結交人脈宣言。**

2 **執行 5 Call 系統。**

3 **人脈存摺今天設定存入 ________ 人。**

4 **假設我現在要你去跟朋友借十萬元，你會找誰借呢？為什麼會找他借？練習分析人關係中的金錢關係。**

- 找誰？

- 為什麼找他？

- 他會借你嗎？

5 **寫下今天成功三件事：**

第一件：________________

第二件：________________

第三件：________________

第23天

1 宣讀邁向強大宣言、結交人脈宣言。

2 執行 5 Call 系統。

3 人脈存摺今天設定存入 ________ 人。

4 今天請你拿起我的書，請再閱讀一遍，將其中你可以運用的技巧寫下來，並針對某一人去執行它。

- 技巧：
- 對象：
- 成果：
- 檢討：

5 寫下今天成功三件事：

第一件：________

第二件：________

第三件：________

第22天

日期：　　/　　/

1 宣讀邁向強大宣言、結交人脈宣言。

2 執行 5 Call 系統。

3 人脈存摺今天設定存入 ________ 人。

4 今天請你主動去幫忙五位朋友或同事，幫忙買飲料、影印……都可以，總之學習付出後得到的感謝。今天是練習接收別人的感謝，練習完後，請寫下對於別人的感謝你有什麼感覺？

5 寫下今天成功三件事：

第一件：________

第二件：________

第三件：________

第 21 天

日期：　　/　　/

1 宣讀邁向強大宣言、結交人脈宣言。

2 執行 5 Call 系統。

3 人脈存摺今天設定存入 ________ 人。

4 找一個這個月要過生日的朋友，並親自錄製一段祝福他生日快樂的影片（唱歌或祝福的話皆可）傳送給他，讓他記得你，並寫下你的感受。

5 寫下今天成功三件事：

第一件：________________________

第二件：________________________

第三件：________________________

第20天

日期：　　/　　/

1. 宣讀邁向強大宣言、結交人脈宣言。
2. 執行 5 Call 系統。
3. 人脈存摺今天設定存入 ________ 人。
4. 請你在你的朋友圈找尋有參加社團（獅子會、扶輪社、同濟會、青商會）的朋友，請他們帶你進社團看看，不一定要加入，感受一下社團的氛圍，並寫下你在社團中要如何經營方向。

5. 寫下今天成功三件事：

第一件：________

第二件：________

第三件：________

第19天

日期：　　/　　/

1 宣讀邁向強大宣言、結交人脈宣言。

2 執行 5 Call 系統。

3 人脈存摺今天設定存入 ________ 人。

4 找一本可以激勵你的書或報導閱讀，並寫下你從中學習到什麼？如何在你的生活中運用？

5 寫下今天成功三件事：

第一件：________________

第二件：________________

第三件：________________

第18天

日期：　　/　　/

1 宣讀邁向強大宣言、結交人脈宣言。

2 執行 5 Call 系統。

3 人脈存摺今天設定存入 ________ 人。

4 請回想看看，你是否有答應他人的事情還沒有完成的，有的話，請寫下它，並告訴對方你記得，然後回報對方你的進度，以及可以完成的日期：

5 寫下今天成功三件事：

第一件：________________

第二件：________________

第三件：________________

第17天

1 宣讀邁向強大宣言、結交人脈宣言。

2 執行 5 Call 系統。

3 人脈存摺今天設定存入 ________ 人。

4 請你上網或是任何方式，去參加一些學校以外的課程，例如成功、激勵、人際關係等……並且報名參加，45 天內你必須去上三個課程，這是第二個，請寫下你今天預計要報名的課程以及為什麼要上這個課程？能帶給你什麼好處？

- 課程二名稱：

- 為什麼要上？

- 有什麼好處？

5 寫下今天成功三件事：

第一件：________________

第二件：________________

第三件：________________

第 16 天

日期：　　/　　/

1 宣讀邁向強大宣言、結交人脈宣言。

2 執行 5 Call 系統。

3 人脈存摺今天設定存入 ________ 人。

4 想想你自己有什麼資源可以主動地去幫助他人？寫下五個你有的資源（有形無形都要算），並且要去主動幫助誰？寫下來：

資源一：　　　　　　　　幫助誰　　　　　.

資源二：　　　　　　　　幫助誰　　　　　.

資源三：　　　　　　　　幫助誰　　　　　.

資源四：　　　　　　　　幫助誰　　　　　.

資源五：　　　　　　　　幫助誰

5 寫下今天成功三件事：

第一件：

第二件：

第三件：

第 15 天

1. **宣讀邁向強大宣言、結交人脈宣言。**
2. **執行 5 Call 系統。**
3. **人脈存摺今天設定存入 ________ 人。**
4. **今天是值得慶祝的一天，因為你完成了第一階段的學習，也可以將你的心情與改變與我分享，或許以後我可以將你的分享放在我下一本書中，我的 E-Mail：james036545@gmail.com 或是可以加入我的 LINE@ 見 P56，期待你的分享。今天可以幫自己慶祝一下，喝杯酒、看場電影、吃想吃的食物、去想去的地方，總之慶祝一下，並寫下鼓勵自己繼續往下一階段努力的話。**

5. **寫下今天成功三件事：**

第一件：________________

第二件：________________

第三件：________________

第 14 天

日期：　　/　　/

1 宣讀邁向強大宣言、結交人脈宣言。

2 執行 5 Call 系統。

3 人脈存摺今天設定存入 ________ 人。

4 今天找一個身邊的人，練習模仿他的一切，如動作、語速、音調，記住不要同步模仿，要相隔至少 30 秒。此外不能模仿對方的缺陷，不然你的模仿會變成嘲笑，完成後請寫下模仿的感覺，如何能更進步？

5 寫下今天成功三件事：

第一件：________________

第二件：________________

第三件：________________

第13天

日期：　　/　　/

1 宣讀邁向強大宣言、結交人脈宣言。

2 執行 5 Call 系統。

3 人脈存摺今天設定存入 ________ 人。

4 今天給自己一個挑戰，去向一個想認識的朋友自我介紹三分鐘，完成後請寫下你的感覺。

5 寫下今天成功三件事：

第一件：________________

第二件：________________

第三件：________________

第12天

日期：　　/　　/

1 宣讀邁向強大宣言、結交人脈宣言。

2 執行 5 Call 系統。

3 人脈存摺今天設定存入 ________ 人。

4 凡事發生必有其目的性，並且有助於我，所有事情的發生必定有好有壞，請你習慣看好的那一面，寫出今天發生了什麼事情？對我有什麼好處？

5 寫下今天成功三件事：

第一件：________________

第二件：________________

第三件：________________

第11天

日期：　　/　　/

1. 宣讀邁向強大宣言、結交人脈宣言。
2. 執行 5 Call 系統。
3. 人脈存摺今天設定存入 ________ 人。
4. 去主動抱抱你的家人或是你心中重要的人，都沒有的話可以來抱我，並告訴他們：他們對你有多重要，感恩他們出現在你的人生中，去學習讓別人知道你在乎他，寫下你的感受：

5. 寫下今天成功三件事：

第一件：________________

第二件：________________

第三件：________________

第10天

日期：　　/　　/

1 宣讀邁向強大宣言、結交人脈宣言。

2 執行 5 Call 系統。

3 人脈存摺今天設定存入 ________ 人。

4 列出最近受到朋友幫忙的一件事情，並且再去感謝對方一次，練習感恩！！

- 誰幫你？

- 什麼事？

- 他為什麼要幫你？

- 你要怎麼回報他？

5 寫下今天成功三件事：

第一件：________

第二件：________

第三件：________

第09天

日期：　　/　　/

1 宣讀邁向強大宣言、結交人脈宣言。

2 執行 5 Call 系統。

3 人脈存摺今天設定存入 ________ 人。

4 今天練習分析一個人的特質，是屬於 DISC 的哪一種，找一個不熟的朋友，試試看，並且試著分析。

- 姓名：
- 屬性：
- 你如何跟他相處：

5 寫下今天成功三件事：

第一件：________________

第二件：________________

第三件：________________

第 08 天

日期：　　/　　/

1 宣讀邁向強大宣言、結交人脈宣言。

2 執行 5 Call 系統。

3 人脈存摺今天設定存入 ________ 人。

4 今天請你主動去幫忙五位朋友或同事，幫忙開門、接電話……都可以，總之學習付出後得到的感謝。今天是練習接收別人的感謝，練習完請寫下對於別人的感謝，你是什麼感覺？

____

____

____

____

____

____

____

____

5 寫下今天成功三件事：

第一件：________________________________

第二件：________________________________

第三件：________________________________

第 07 天

日期：　　/　　/

1 宣讀邁向強大宣言、結交人脈宣言。

2 執行 5 Call 系統。

3 人脈存摺今天設定存入 ________ 人。

4 今天我要你學習 DISC 人格特質的分析，去網路上學習或是用任何方法，總之去弄懂它，你將更懂得如何人際關係，寫下各特質的屬性，我要的是你自己學習吸收的，不是網路上的。

・D 屬性是

・I 屬性是

・S 屬性是

・C 屬性是

5 寫下今天成功三件事：

第一件：________

第二件：________

第三件：________

第 06 天

日期：　　/　　/

1 宣讀邁向強大宣言、結交人脈宣言。

2 執行 5 Call 系統。

3 人脈存摺今天設定存入＿＿＿＿人。

4 請盤點一下你有什麼資源可以用於人際關係上。

資源一：＿＿＿＿

資源二：＿＿＿＿

資源三：＿＿＿＿

資源四：＿＿＿＿

資源五：＿＿＿＿

5 寫下今天成功三件事：

第一件：＿＿＿＿

第二件：＿＿＿＿

第三件：＿＿＿＿

第05天

日期：　　/　　/

1. **宣讀邁向強大宣言、結交人脈宣言。**
2. **執行 5 Call 系統。**
3. **人脈存摺今天設定存入 ________ 人。**
4. **請你上網或是任何方式，去參加一些學校以外的課程，例如成功、激勵、人際關係等……並且報名參加，45 天內你必須去上三個課程，這是第一個，請寫下你今天預計要報名的課程以及為什麼要上這個課程？有什麼好處？**

   - 課程一名稱

   - 為什麼要上？

   - 有什麼好處？

5. **寫下今天成功三件事：**

   第一件：________________

   第二件：________________

   第三件：________________

第
04
天

日期：　/　/

1 宣讀邁向強大宣言、結交人脈宣言。

2 執行 5 Call 系統。

3 人脈存摺今天設定存入 ________ 人。

4 想想看哪邊的人脈圈會符合你現在的需求？目標市場正確才不會做白功，寫下五個可能有你要的人脈場合，並寫出如何進去圈子？

目標一：　如何進入

目標二：　如何進入

目標三：　如何進入

目標四：　如何進入

目標五：　如何進入 .

目標六：　如何進入

5 寫下今天成功三件事：

第一件：________

第二件：________

第三件：________

第 03 天

日期：　　/　　/

1 **宣讀邁向強大宣言、結交人脈宣言。**

2 **執行 5 Call 系統。**

3 **人脈存摺今天設定存入 ________ 人。**

4 **請寫出今天 5 個你可以主動上前跟他打招互問好的人，並且想像他們都會熱情回應你。**

第一人　（　　　　）

第二人　（　　　　）

第三人　（　　　　）

第四人　（　　　　）

第五人　（　　　　）

5 **寫下今天成功三件事：**

第一件：________________________________

第二件：________________________________

第三件：________________________________

第 02 天

日期：　　/　　/

1 **宣讀邁向強大宣言、結交人脈宣言。**

2 **執行 5Call 系統。**

3 **人脈存摺今天設定存入 ________ 人。**

4 **描述人脈為什麼對你很重要：**

- 你最希望哪一點發生？為什麼？

5 **寫下今天成功三件事：**

第一件：

第二件：

第三件：

第01天

日期：　　/　　/

1 宣讀邁向強大宣言、結交人脈宣言。

2 執行 5Call 系統。

3 人脈存摺今天設定存入 ________ 人。

4 請再次寫下能支持自己擁有人際關係上巨大成就的理由：

理由 01：________________

理由 02：________________

理由 03：________________

理由 04：________________

理由 05：________________

理由 06：________________

理由 07：________________

理由 08：________________

理由 09：________________

理由 10：________________

5 寫下今天成功三件事：

第一件：________________

第二件：________________

第三件：________________

結交人脈宣言

- 我會在任何場合主動去認識我想認識的人。
- 我將會每天立即行動建立我的人脈圈。
- 我相信人脈很重要的，貴人可以改變我的一生。
- 我樂於付出幫助他人，並取得他人信任。
- 所有貴人都會出現在我面前想認識我。
- 我交際的能力會透過我不斷練習而進步。
- 每天都會有好事發生在我身上。
- 我感恩出現在我身邊的每一個人。
- 我會與成功者主動建立關係。
- 我每一天都會認識新的朋友。

邁向強大宣言

- 我非常樂愛學習。
- 我敬仰有能力的人並與他交朋友。
- 我將會不斷地投資我的腦袋。
- 我每天都會進步 1%。
- 我的錢會主動為我工作，並為我賺取更多的錢。
- 我擁有財務自由，工作只是興趣。
- 我所有的資源會朝我而來。
- 我所擁有的財富足以讓我過我想要的生活。
- 我會讓自己和家人過富足的生活。
- 健康與財富都會在我身上發生。

嗎？能呼吸就是一種成功，只要正向的、對你有幫助的都可以算是，認真去落實吧！直到養成習慣為止。

8. 凡事發生必有其目的性，並且有助於我，所有事情的發生必定有好有壞，請你習慣看好的那一面，並且寫出發生這件事情對我有什麼好處。

9. 認可你身邊的一切資源，你要知道你身邊所有的一切都是得來不易的，包括你可以走出去接觸人群，你知道有多少人沒辦法走路嗎？你能隨心所欲地走路是多麼地可貴，請一定要肯定這一切。

10. 感恩將是一切的來源，常常感恩會讓你的潛意識體認到自己已經很「富有」了，物以類聚、人與群分，就會有更多的成功與人脈朝你而來，甚至，你不斷感恩，你將會發現你會變成一個更加快樂的人！

學得夠多了！！現在缺的就是「行動！」

主動出擊！！馬上行動！！

GO！GO！GO！

一切努力都將值得！

每天做好這些準備

1. 每天早上起來的第一件事情就是打開這本手冊，填上今天的日期，並且開始執行它，記得沒有雪中送炭只有錦上添花的事情，沒有不勞而獲的人際關係，把自己變強大 & 主動結交人脈是你現階段要做的。

2. 成功的人士之所以成功在於他們願意做別人「不想做的事」、「不願意做的事」、「做不到的事」。

3. 肯定自我的成就：物以類聚，成功會孕育成功，你越感覺你是成功的，你就會越來越成功，成功無關大小，我要你去感受成功的感覺，跟人交換名片對方願意就是成功。如果你認為要很大的成就才算是成功，那麼你是不會感覺自己成功的，因為成功是習慣，不成功也是一種習慣，不論你的成就是大還是小，請你一定要肯定自己！

4. 不要把焦點放在失敗上、還沒有去做的、本來可以做得更好的事物上，例如老是想著「他不會拒絕我」、「他不會討厭我」，要知道宇宙是不知道你要什麼還是不要什麼，它只知道他要給你心裡所想的，所以應該這樣想：「他會接受我」、「他會很喜歡我」，這樣才是正向的要求。

5. 永遠保持積極向上的態度，人脈建立過程中一定會充滿困難、失敗、挫折等，要知道「成功者看目標，失敗者看障礙」，問題就是機會，解決問題後接下來就是機會來臨。

6. 不要為失敗找藉口，請把每天的作業當天完成，不要找藉口，請你努力完成，當你沒有藉口那天，你就成功了。

7. 接下來的 45 天要習慣感受成功，你必須每天寫三件成功的事情，去習慣成功，你會說哪有那麼多成功可以寫，早上起床你能呼吸

別人需要你的理由

請寫下別人為什麼需要跟你做朋友的 50 個理由

當你認為別人應該跟你結交成朋友，他們自然會來。

你的自我介紹故事

- 請準備一分鐘＆三分鐘的自我介紹故事，可以先參考書中P213「要有說故事的能力」的內容。

每天都要做的功課提醒！

1、宣讀邁向強大宣言、結交人脈宣言。

2、執行 5 Call 系統。

3、人脈存摺今天設定存入____人。

4、寫下今天成功三件事。

說明：

1、宣讀邁向強大宣言、結交人脈宣言

語言是有力量的，透過每天不斷地宣讀，假裝做到好像是，正面的能量就會朝你而來，所以請你每天一定要用心宣讀一遍。

2、執行 5Call 系統

你可以透過 LINE 或者是通訊軟體，不過我建議最好還是透過打電話，讓你的客戶或朋友記得你，哪一天他如果需要換房子（需要你的產品），你猜他第一個想到的會是誰呢？一定是都有持續保持聯繫的你，這樣做的目的只是要讓他知道你還存在。

3、人脈存摺今天設定存入____人

每天都要將你一開始計畫的目標填入，並且去執行，條件是陌生人，並且只要知道對方名字和聯絡方式就可以算是存入一人，一開始會很困難，當你開始試著去行動後，你會發現施行起來越來越簡單。

4、寫下今天成功三件事

目的是要讓你練習接受「成功」，像我最近逞強參加馬拉松練習，導致我的肌腱發炎，嚴重到走路都很困難，只能一跛一跛慢慢前進，這時候我深深覺得可以隨意的走動就是一種成功，去練習認可所有的成功，因為成功會孕育成功，直到你養成習慣為止。

歡迎

Welcome

歡迎使用「45 天人脈開發改造練習攻略」來提升你的人脈力。請先看完《超給力人信銷售》這本書再接著做這套練習，才會有效果，沒有看完《超給力人信銷售》請先退出這個練習，以免浪費您的時間。

這本手冊可以幫助那些不知道如何開始提升人脈，或是想要重新改造自己人脈圈的朋友們，只要依序完成這 45 天每天指定的作業，你將重新設定自己與人群交往的習慣，進而接觸到更多你生命中的貴人。

每個人都不喜歡改變，因為改變是痛苦的，但是不去改變，你會更痛苦！所以，請專注在每天的作業有沒有確實完成，跟著這套練習：**設定腦袋→準備動作→初階練習→主動出擊→跟進活動→約訪活動→提升關係→轉介人脈**。等這 45 天的練習都一一落實後，你的大腦就會是一顆全新的腦袋了，請給自己改變的機會。